校企合作土木与建筑工程专业系列丛书

互联网+创新型"十四五"精品教材

建筑装饰材料与施工

（微课版）

主　编　熊　英　马　云　李海军
副主编　任永祥　李思雨　单　冉

哈尔滨工程大学出版社
Harbin Engineering University Press

内容简介

本书根据建筑装饰工程的流程开发设置相关的教学内容，全书共八个项目，主要包括建筑装饰材料概述，木材装饰材料与施工工艺，涂料装饰材料与施工工艺，石材装饰材料与施工工艺，金属装饰材料与施工工艺，石膏制品装饰材料与施工工艺，陶瓷、玻璃装饰材料与施工工艺，织物装饰材料与施工工艺。

本书既可作为应用型本科、职业院校建筑专业学生的通用教材，也可作为从事室内设计和装修工作人员的参考书。

图书在版编目（CIP）数据

建筑装饰材料与施工：微课版 / 熊英，马云，李海军主编. —哈尔滨：哈尔滨工程大学出版社，2024.1
 ISBN 978-7-5661-4241-2

Ⅰ. ①建… Ⅱ. ①熊… ②马… ③李… Ⅲ. ①建筑材料－装饰材料－教材②建筑装饰－工程施工－教材 Ⅳ. ①TU56②TU767

中国国家版本馆 CIP 数据核字（2024）第 039002 号

建筑装饰材料与施工（微课版）
JIANZHU ZHUANGSHI CAILIAO YU SHIGONG（WEIKE BAN）

责任编辑 吴振雷
封面设计 赵俊红

出版发行	哈尔滨工程大学出版社
社　　址	哈尔滨市南岗区南通大街 145 号
邮政编码	150001
发行电话	0451-82519328
传　　真	0451-82519699
经　　销	新华书店
印　　刷	唐山唐文印刷有限公司
开　　本	787 mm×1 092 mm　1/16
印　　张	13.5
字　　数	345 千字
版　　次	2024 年 1 月第 1 版
印　　次	2024 年 1 月第 1 次印刷
书　　号	ISBN 978-7-5661-4241-2
定　　价	49.80 元

http://www.hrbeupress.com
E-mail:heupress@hrbeu.edu.cn

前　言

随着社会的飞速发展、生活品质的提高，人们对居住环境也有了更高的要求，极大地促进了建筑业及建筑装饰行业的发展。因此建筑装饰行业企业对建筑装饰设计与技术岗位的人才需求量极大，建筑装饰相关专业的发展潜力巨大。

党的二十大报告中指出，必须坚持科技是第一生产力、人才是第一资源、创新是第一动力，深入实施科教兴国战略、人才强国战略、创新驱动发展战略，开辟发展新领域新赛道，不断塑造发展新动能新优势。身处建筑行业，要以自信自强、守正创新，踔厉奋发、勇毅前行的精神风貌，投身全面建设社会主义现代化国家的伟大事业，奋力谱写新时代建筑业发展新篇章。

本书贯彻"以就业为导向，以能力为本位，以学生为中心"的指导思想，采用理论与实践相结合的方式，立足于实际教学，着眼于行业发展，注重学生综合能力的培养。本书具有以下特点。

（1）内容全面。本书系统详细地介绍了装饰材料的形成、加工、类型及适用领域。

（2）实践性强。本书将材料、结构、工艺与施工流程和施工技术实训紧密结合为一个完整的学习项目；从而使学生的学习不再孤立，能极大地提高学生的学习自主性、连贯性、积极性和主动性。

（3）图文并茂。本书采用通俗易懂、深入浅出、简明扼要的文字进行讲解，配以大量的图片，将建筑装饰的材料标准、结构工艺统一到一个完整的施工流程之中，有助于读者加深对装饰材料的感性认识，同时加深对施工工艺操作的理解。

本书由熊英（湖南航空技师学院）、马云（济南市建设监理有限公司）、李海军（山东德实建筑工程有限公司）担任主编，由任永祥（许昌职业技术学院）、李思雨（安阳学院）、单冉（柳州城市职业学院）担任副主编。本书的相关资料和售后服务可扫描封底微信二维码或登录 www.bjzzwh.com 下载获得。

编者在编写本书的过程中参考了大量资料，在此向相关人员表示感谢。由于编者水平有限，书中难免存在不足之处，恳请广大读者批评指正并提出宝贵意见。

编　者

目 录

项目一 建筑装饰材料概述 ·· 1
    任务一 建筑装饰材料的基础知识 ·· 3
    任务二 建筑装饰材料的性能 ·· 6

项目二 木材装饰材料与施工工艺 ·· 13
    任务一 认识木材装饰材料 ·· 15
    任务二 木作装饰材料施工工艺 ·· 34

项目三 涂料装饰材料与施工工艺 ·· 41
    任务一 认识涂料装饰材料 ·· 43
    任务二 涂料装饰材料施工工艺 ·· 52

项目四 石材装饰材料与施工工艺 ·· 60
    任务一 常见装饰石材概述 ·· 62
    任务二 天然石材 ·· 70
    任务三 人造石材 ·· 83
    任务四 石材装饰材料施工工艺 ·· 87

项目五 金属装饰材料与施工工艺 ·· 97
    任务一 常用金属装饰材料 ·· 99
    任务二 金属装饰材料施工工艺 ··· 116

项目六 石膏制品装饰材料与施工工艺 ··································· 125
    任务一 常用石膏装饰材料 ·· 127
    任务二 石膏装饰材料施工工艺 ··· 140

项目七　陶瓷、玻璃装饰材料与施工工艺 ·················· 147

任务一　认识陶瓷装饰材料 ·················· 149
任务二　陶瓷装饰材料施工工艺 ·················· 159
任务三　认识玻璃装饰材料 ·················· 168
任务四　玻璃装饰材料施工工艺 ·················· 181

项目八　织物装饰材料与施工工艺 ·················· 189

任务一　认识织物装饰材料 ·················· 191
任务二　织物装饰材料施工工艺 ·················· 202

参考文献 ·················· 210

项目一

建筑装饰材料概述

 项目概述

随着科学技术的不断发展及人民生活水平的不断提高，建筑装饰越来越成为各国极其重视的行业之一，因为它是各国集中体现精神与物质文明的载体。因此，从事建筑装饰工程设计、施工等专业的技术人员须具备了解、掌握，并能合理选择、应用建筑装饰材料的基本业务素质。

 学习目标

知识目标

（1）了解建筑装饰材料的类型和特点。

（2）了解建筑装饰施工程序。

能力目标

（1）熟练掌握建筑装饰材料的性能要求。

（2）能够根据装饰风格选择和搭配室内建筑装饰材料。

素质目标

（1）了解绿色建筑材料的发展趋势。

（2）避免因材料认识的局限性束缚设计思维、限制创作手法。

 思政目标

（1）增强学生对建筑装饰行业的热爱，制定合理的职业生涯规划，从技术水平、管理水平等多方面全面提升自己。

（2）掌握建筑装饰材料的性能并了解建筑装饰材料行业的发展动态，强化工程伦理教育。

任务工单

一、任务名称

了解建筑装饰材料技术性能的含义。

二、任务描述

全班同学分组讨论，列举出建筑装饰材料的技术性能包括哪些方面，并能简述装饰材料耐久性的具体含义。在任务准备的过程中完成表1-1的填写。

表1-1 实训表（一）

姓名		班级		学号	
学时		日期		实践地点	
实训工具	某建筑装饰材料的产品说明书				

三、任务目的

掌握建筑装饰材料技术性能的含义，从而为读懂产品说明书，比较、研究各种材料的性能打下基础。

四、分组讨论

全班学生以3～6人为一组，选出各组的组长，组长对组员进行任务分配并将分工情况记入表1-2中。

表1-2 实训表（二）

成员	任务
组长	
组员	
组员	
组员	
组员	
组员	

五、任务思考

（1）建筑装饰材料的技术性能包括哪些方面？
（2）建筑装饰材料的装饰性能包括哪些方面？

六、任务实施

在任务实施过程中，将遇到的问题和解决办法记录在表1-3中。

表1-3 实训表（三）

序号	遇到的问题	解决办法
1		
2		
3		

七、任务评价

请各小组选出一名代表展示任务实施的成果，并配合指导教师完成表1-4的任务评价。

表1-4 实训表（四）

评价项目	评价内容	分值	评价分值		
			自评	互评	师评
职业素养考核项目	考勤、纪律意识	10分			
	团队交流与合作意识	10分			
	参与主动性	10分			
专业能力考核项目	积极参与教学活动并正确理解任务要求	10分			
	认真查找与任务相关的资料	10分			
	任务实施过程记录表的完成度	10分			
	对建筑装饰材料性能的了解程度	20分			
	独立完成相应任务的程度	20分			
合计：综合分数____自评（20%）+互评（20%）+师评（60%）		100分			
综合评价			教师签名		

任务一　建筑装饰材料的基础知识

建筑材料主要是指建筑物本身（如墙、柱、楼板等）所用的各种材料。与建筑有关的、为建筑物服务的临时设施、附属设备等（如升降架、模具、管道、空调等）所使用的材料也可划归为广义的建筑材料范围。建筑装饰材料是指用于建筑物（如墙、柱、顶棚、地、台等）表面的饰面材料。

建筑装饰材料概述

建筑装饰材料发展历史悠久，经历了从古代建筑装饰材料到近代建筑装饰材料再到现代新型建筑材料几个阶段。材料的种类从单一到多元，从天然材料到人工复合材料。对材料进行分类选择，可以更加合理、高效地应用到设计中。

一、建筑装饰材料的现状及趋势

 知识链接

建筑装饰材料的现状及趋势

在用材方面，越来越多的装饰材料采用高强度纤维或聚合物与普通材料进行复合，这在提高装饰材料强度的同时降低了质量。近些年常用的铝合金制材、镁铝合金扣板、人造石、防火板等产品即是其中的典型代表。同时，装饰材料还在向大规格的方向发展，如陶瓷墙地砖，以前的尺寸往往较小，现在则多采用600 mm×600 mm、800 mm×800 mm、甚至1 000 mm×1 000 mm等较大规格的墙地砖。

此外，由于现场施工的局限性，很多产品开始进入工业化生产的阶段，如橱柜、衣柜、背景墙、玻璃隔断墙和各类门窗等产品，目前很多都是采用厂家定制生产的方式。相对来说，厂家定制生产出来的产品在精度和质量上更有保障。

二、建筑装饰材料的分类

1. 按化学成分不同分类

按化学成分的不同，建筑装饰材料可分为有机高分子装饰材料、无机非金属装饰材料、金属装饰材料和复合装饰材料四大类。有机高分子装饰材料，如以树脂为基料的涂料、木材、竹材、塑料墙纸、塑料地板革、化纤地毯、各种胶黏剂、塑料管材及塑料装饰配件等。无机非金属装饰材料，如各种玻璃、天然饰面饰材、石膏装饰制品、陶瓷制品、彩色水泥、装饰混凝土、矿棉及珍珠岩装饰制品等。

金属装饰材料又分为黑色金属装饰材料和有色金属装饰材料。黑色金属材装饰料主要有不锈钢、彩色不锈钢等；有色金属装饰材料，主要有铝、铝合金、铜、铜合金、金、银、彩色镀锌钢板制品等。

复合装饰材料可以是有机材料与无机材料的复合，也可以是金属材料与非金属材料的复合，还可以是同类材料中不同材料的复合。如人造大理石，是树脂（有机高分子材料）与石屑（无机非金属材料）的复合；搪瓷铸铁是钢板（金属材料）与瓷釉（无机非金属材料）的复合；复合木地板是树脂（人造有机高分子材料）与木屑（天然有机高分子材料）的复合（表1-5）。

表1-5 建筑装饰材料的按化学成分分类

金属材料	黑色金属材料	普通钢材、不锈钢、彩色不锈钢	
	有色金属材料	铝及铝合金、铜及铜合金、金、银	
非金属材料	无机材料	天然饰面石材	天然大理石、天然花岗石
		陶瓷装饰制品	釉面砖、彩釉砖、陶瓷锦砖
		玻璃装饰制品	吸热玻璃、中空玻璃、锚射玻璃、压花玻璃、彩色玻璃、空心玻璃砖、玻璃锦砖、镀膜玻璃、镜面玻璃
		石膏装饰制品	装饰石膏板、纸面石膏、嵌装式装饰石膏板、装饰石膏吸声板、石膏艺术制品
		白水泥、彩色水泥	
		装饰混凝土	彩色混凝土路面砖、水泥混凝土花砖
		装饰砂浆	
		矿棉、珍珠岩装饰制品	
	有机材料	木材装饰制品	
		竹材、藤材装饰制品	
		装饰织物	
		塑料装饰制品	
		装饰涂料	

续表

复合材料	有机与无机复合材料、金属与非金属复合材料	钙塑泡沫装饰吸声板、人造大理石、人造花岗石
		彩色涂层钢板
	有机材料	竹材、藤材装饰制品
		装饰织物
		塑料装饰制品
		装饰涂料

2. 按装饰部位不同分类

根据装饰部位的不同，建筑装饰材料可分为外墙装饰材料、内墙装饰材料、地面装饰材料和顶棚装饰材料四大类。外墙装饰材料，如外墙涂料、釉面砖、锦砖、天然石材、装饰抹灰、装饰混凝土、玻璃幕墙等；内墙装饰材料，如墙纸、内墙涂料、釉面砖、天然石材、饰面板、织物等；地面装饰材料，如木地板、复合木地板、地毯、地砖、天然石材、塑料地板、水磨石等；顶棚装饰材料，如轻钢龙骨、铝合金吊顶材、纸面石膏板、矿棉吸声板、超细玻璃棉板、顶棚涂料等。

3. 按材料主要作用不同分类

（1）装饰材料

建筑装饰材料虽然也具有一定的使用功能，但是它们的主要作用是对建筑物进行装修和装饰，如地毯、涂料、墙纸等材料。

（2）功能性材料

在建筑装饰工程中使用功能性材料，其主要目的是利用它们的某些突出的性能，以达到某种设计效果。如各种防水材料、隔热和保温材料、建筑光学材料、吸声和隔声材料等。

> **知识链接**
>
> **绿色建筑材料**
>
> 从绿色角度建筑材料可分为节省能源与资源型材料、环保利用废型材料、特殊环境型材料（如超高强、抗腐蚀、耐久等）、安全舒适型材料（如轻质高强、防火、防水、保温、隔热、隔声、调温、调光、无毒害等）、保健功能型材料（如消毒、灭菌、防臭、防霉、抗静电、防辐射、吸附有害物质等）等。
>
> 绿色建筑材料也称生态建材（德国）、生态环境材料（日本）、可持续发展建材、环保建材、健康建材等，于1988年由第一届国际材料研究会首次提出。1992年被国际学术界明确定义为：原料采用、产品制备、使用或再循环以及废料处理等环节中，对地球负荷最小，有利于人类健康的建筑材料。
>
> 1999年3月15日在首届全国绿色建材发展应用研讨会上，我国的专家根据本国国情将绿色建筑材料定义为：采用清洁生产技术，少用天然资源与能源，大量利用工农业

或城市固体废弃物生产的无毒害、无污染、无放射性，达到生命周期后可回收再利用，有利于环境保护和人体健康的建筑材料。

三、建筑装饰施工程序

1. 装修风格的确定

装修的设计风格很多，目前国内常见的有中式风格、现代主义风格、自然主义风格、欧式风格、美式田园风格、东南亚风格、后现代风格以及和式风格等。装修风格的确定不仅让设计师更容易把握设计的立足点，同时也让施工人员更容易表达所需要的装修效果。

2. 设计方案的审查

装修设计要以方案设计的形式，形成一整套的设计文件，主要包括施工图和效果图两大类，此外还有预算文件、合同以及装修使用的材料说明与工艺说明等。

对于不是很熟悉装修的业主而言，看效果图是让其了解装饰效果最直接的方式，同时也是装饰公司打动业主的有效方式。对于施工人员而言，施工图是施工时十分重要的参照物。工程造价的审查也是甲、乙双方关注的重点，应该对每项子项目的数量、单价、人工费用等进行核对，以保证造价的合理、科学、有效。

3. 装饰施工基本流程

装饰施工基本流程如下。

厨卫吊顶→木门、橱柜等安装→木地板工程→壁纸工程→各种安装作业→保洁→家具、电器、配饰入场（以上流程在实际施工过程中可能会有些变动）。

任务二　建筑装饰材料的性能

建筑装饰材料的性能可分为技术性能和装饰性能，这两大性能分别决定了建筑最终的使用功能和装饰效果。

一、建筑装饰材料的技术性能

对建筑装饰材料的掌握，主要依赖产品说明书中所提供的各项性能指标。以下简要地对建筑装饰材料的技术性能加以论述，以便为讨论、比较、研究各种材料的性能打下基础。

1. 表观密度

表观密度是材料在自然状态下，单位表观体积内的质量，俗称容重。

材料的质量，一般应采用气干质量。材料经烘干恒重后测得的表观密度，称为绝对表观密度。

2. 孔隙率

孔隙率是材料体积内孔隙所占体积与材料总体积（表观体积）之比。

孔隙率与材料的结构和性能有着非常密切的关系。孔隙率越大，则材料的密实度越小，而孔隙率的变化，也必然引起材料的其他性能（如强度、吸水导热系数等）的变化。

3. 强度

强度是指材料在受到外力作用时抵抗破坏的能力。根据外力的作用方式，材料的强度有抗拉、抗压、抗剪、抗弯（抗折）等不同的形式。

4. 硬度

硬度所描述的是材料表面的坚硬程度，即材料表面抵抗其他物体在外力作用下刻画、压入其表面的能力。通常是用刻痕法和压痕法来测定和表示的。

5. 耐磨性

耐磨性是材料表面抵抗磨损的能力。材料的耐磨性能，除与受磨时的质量损失有关外，还与材料的强度、硬度等性能有关。此外，材料的耐磨性能与材料的组成和结构也有密切的关系。表示材料耐磨性能的另一参数是磨光系数，它反映的是材料的防滑性能。

6. 吸水率

吸水率所反映的是材料能在水中或能在直接与液态水接触时吸水的性质。

7. 孔隙水饱和系数

材料内部孔隙被水充满的程度，即材料的孔隙水饱和系数，是用以反映和判断材料其他性能的一个极为有用的参数。例如，从孔隙水饱和系数相对较大，可以推知材料的抗冻性相对较差等。

8. 含水率

含水率是具体反映材料吸湿性大小的一项指标。通常，将材料在潮湿的空气中吸收空气中水分的性质定义为材料的吸湿性。由于此时材料中所吸入的水分的数量是随着空气湿度的大小而变化的。因此，含水率的数值也应是随空气湿度的变化而变化的。在通常情况下所说的含水率是指当材料中所含水分与空气湿度相平衡时的含水率，即平衡含水率值。

9. 软化系数

材料耐水性能的好坏，通常用软化系数来表示。

10. 导热系数

当材料的两个表面存在温度差时，热量从材料的一面通过材料传至另一面的性质，通常用导热系数来表示。

从实际选用材料的角度来说，更具意义的是掌握材料导热系数的变化规律。这方面的规律主要有以下五点。

（1）当材料发生相变时，材料的导热系数也要相应地产生变化。

（2）材料内部结构的均质化程度越高，导热系数越大。

（3）材料的表观密度越大，其导热系数也越大，但是对于表观密度值很小的纤维状材料，有时存在例外的情况。

（4）一般来说，材料的孔隙率越大，则导热系数越小；若材料表面具有开放性的孔结构，且孔径较大，孔隙之间相互联通，则导热系数也越大。

（5）如果湿度变大，温度升高，那么材料的导热系数也将随之变大；对于各向异性的材料，导热系数还与热流的方向有关。

11. 辐射指数

辐射指数所反映的是材料的放射性强度。有些建筑材料在使用的过程中会释放出多种放射线，这是由于这些材料所用原料中的放射性核素含量较高，或是由于生产过程中的某些因素使得这些材料的放射性活度被提高。当这些放射线的强度和辐射剂量超过一定限度时，就会对人体造成损害。

由建筑材料这类放射性强度较低的辐射源所产生的损害属于低水平辐射损害（如引发或导致产生遗传性疾病），且这种低水平辐射损害的发生率是随剂量的增加而增加的。因此，在选用材料时要注意其放射性，尽可能将这种损害减至最低限度，这是非常具有实际意义的。

12. 耐火性

耐火性是指材料抵抗高热或火的作用，保持其原有性质的能力。金属材料、玻璃等虽然属于不燃性材料，但是在高温或火的作用下在短时间内就会变形、熔融，因而不属于耐火材料。建筑材料或构件的耐火极限通常用时间来表示，即按规定方法，从材料受到火的作用时间起，一直到材料失去支持能力、完整性被破坏或失去隔火作用的时间，以小时或分钟计。如无保护层的钢柱，其耐火极限仅有 0.25 小时。

13. 耐久性

耐久性是指材料长期抵抗各种内外破坏因素或腐蚀介质的作用，保持其原有性质的能力。材料的耐久性是材料的一个综合性质，一般包括有耐水性、抗渗性、抗冻性、耐腐蚀性、抗老化性、耐热性、耐溶蚀性、耐磨性或耐擦性、耐光性、耐沾污性、易洁性等。装饰材料耐久性还要求颜色、光泽、外形等不发生显著的变化。

> **知识链接**
>
> **影响耐久性的因素**
>
> 影响耐久性的主要因素如下。
> （1）内部因素是造成装饰材料耐久性下降的根本原因。内部因素主要包括材料的组成结构与性质。
> （2）外部因素也是影响耐久性的主要因素。
> 外部因素主要有如下几种。
> 化学作用，包括各种酸、碱、盐及其水溶液，各种腐蚀性气体，对材料具有化学腐蚀作用或氧化作用。
> 物理作用，包括光、热、电、温度差、湿度差、干湿循环、冻融循环、溶解等，可使材料的结构发生变化，如内部产生微裂纹或孔隙率增加。
> 机械作用，包括冲击、疲劳荷载，各种气体、液体及固体引起的磨损与磨耗等。
> 生物作用，包括菌类、昆虫等，可使材料产生腐朽、虫蛀等形式的破坏。

二、建筑装饰材料的装饰性能

在室内环境中，由于人长时间的停留，更易于与各类材料产生近距离的接触。因此，室内装饰材料更注重材料的质感、触感、色彩、肌理。因为材质是人的视觉、知觉、触觉的直接界面材料的特征表现，所以室内空间界面材料的选择，既要注重材料的属性、质感，还要考虑到空间形态构造限定，考虑到人的主观需求和审美情趣，这样才能达到理想的设计效果。因此，在室内材料的应用设计中，设计师应综合考虑材质的实用、装饰、环保等。同时，对材料的熟知和合理运用也是设计师必备的基本素养。

1. 材料的颜色、光泽、透明性

颜色是指材料对光谱选择吸收的结果，是一种染料、颜料、涂料或其他物质，据其主导光波长、亮度、色调和光泽，经眼睛传给受体的综合信息。设计师应创造性地运用颜色，不同的颜色给人不同的感觉，如红色、橘红色给人温暖、热烈的感觉，绿色、蓝色给人宁静、清凉、寂静的感觉。

光泽是指材料表面方向性反射光线的性质。材料表面愈光滑，则光泽度愈高。当为定向反射时，材料表面具有镜面特征，又称镜面反射。不同的光泽度可改变材料表面的明暗程度，并可扩大视野或造成不同的虚实对比（图1-1）。

透明性是指光线透过材料的性质，分为透明体（可透光、透视）、可透明体（透光，但不透视）、不透明体（不透光、不透视）。利用不同的透明度做隔断或调整光线的明暗，造成特殊的光学效果，也可使物像清晰或朦胧。透明是材料的一种性质，是传播光线的能力，使得物体或景象看起来好像没有隔着材料；或者说，材质开放性很好，以至于一侧很容易看到另一侧的物体。半透明也是材料的一种性质，它传播光线，形成漫射，足以消除人们对另一边清楚景象的任何直觉。

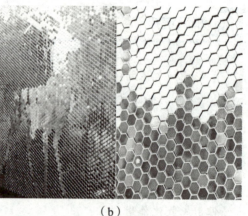

(a) （b)

图 1-1 反光材料墙面

2. 花纹图案、形状、尺寸

在生产或加工材料时，利用不同的工艺将材料的表面，做成各种不同的表面组织，如粗糙、平整、光滑、反射、凹凸、麻点等；将建筑材料的表面制作成各种花纹图案（或拼镶成各种图案），如山水风景画、人物画、仿木花纹、陶瓷笔画、拼镶陶瓷锦砖等。

建筑装饰材料的形状和尺寸对装饰效果有很大的影响。改变装饰材料的形状和尺寸，并配合花纹、颜色、光泽等可拼镶出各种线型和图案，从而获得不同的装饰效果，以满足不同建筑形态和线型的需要，最大限度地发挥材料的装饰性（图 1-2）。

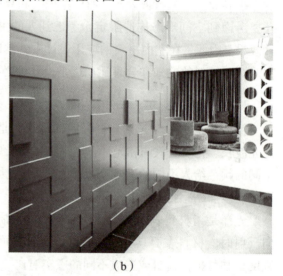

(a) （b)

图 1-2 不同装饰材料墙面

3. 质感、映像

质感是材料的表面组织结构、花纹图案、颜色、光泽、透明性等给人的一种综合感觉。组成相同的材料可以有不同的质感，如普通玻璃与刻花玻璃、镜面花岗岩板材与剁斧石。相同的表面处理形式往往具有相同或相似的质感，但有时并不完全相同。如人造花岗岩、仿木纹制品，一般均没有天然的花岗岩和木材亲切、真实，而略显得单调、呆板。

建筑装饰材料的质地，可用来形成多样的设计效果，如从大理石的冷感到木材的暖意，从混凝土的粗糙到玻璃的平滑。

视觉上的质感，依赖于光影效果。随着观察者接近，对表面特征认识逐渐深刻。从远处看，图案可能像纹理，图案与纹理两者间相互影响。所以，质感不仅依靠材料表面本身，而且还与材料的接缝做法有关。

映像是落在表面上的反射光线在物体表面上的作用。反射造成的虚像有意地用来完成任何形式或图像的视觉表现意图。选择建筑材料面时可发挥其反射性能，或取其低反射性，而重视材料本身。提高反射性能，会使建筑本身相对不明显，却反射出其邻近环境（图1-3）。

图1-3　反射装饰材料墙面

4. 耐沾污性、易洁性与耐擦性

材料表面抵抗污物作用并保持其原有颜色和光泽的性质称为材料的耐沾污性。

材料表面易于清洗洁净的性质称为材料的易洁性，它包括在风、雨等作用下的易洁性（又称自洁性）及在人工清洗作用下的易洁性。良好的耐污性和易洁性是建筑装饰材料经久常新，长期保持其装饰效果的重要保证。用于地面、台面、外墙以及卫生间、厨房等的装饰材料，有时须考虑材料的耐沾污性和易洁性。

材料的耐擦性实质是材料的耐磨性，分为干擦（称为耐干擦性）和湿擦（称为耐洗刷性）。耐擦性越高，则材料的使用寿命越长。内墙涂料常要求具有较高的耐擦性。

 知识链接

建筑装饰材料的选用原则

选用建筑装饰材料的原则是装饰效果要好并耐久、经济。丹麦设计大师卡雷·克林特明确提出，"只有用正确的方法去处理正确的材料，才能以率真和美的方式去解决人类的需要"。

选择建筑装饰材料时，首先应从建筑物的使用要求出发，结合建筑物的造型、功能、用途、所处的环境（包括周围的建筑物）、材料的使用部位等，并充分考虑建筑装饰材料的装饰性质及材料的其他性质，最大限度地表现出所选各种建筑装饰材料的装饰效果，使建筑物获得良好的装饰效果和使用功能。

其次所选建筑装饰材料应具有与所处环境和使用部位相适应的耐久性，以保证建筑装饰工程的耐久性。

最后应考虑建筑装饰材料与装饰工程的经济性，不但要考虑到一次投资，也应考虑到维修费用。因而在关键性部位上应适当加大投资，延长使用寿命，以保证总体上的经济性。

思政链接

建筑设计类专业的学生应坚持把增强实践能力作为着眼点，重视提高实践动手能力。在学习本书的过程中，严恪遵守各种规章制度，从一刀一锉到在电脑上的编程都应做到规范操作，从课上积极互动到下课后认真打扫实训场地，一丝一毫都不能马虎，努力在一点一滴中养成好的行为习惯。逐渐成长为敢于挑急难险重的担子，敢于到条件艰苦、环境复杂的岗位锻炼、脚踏实地的有志青年。

课后习题

一、填空题

1. 建筑装饰材料是指用于建筑物_____表面的饰面材料。

2. 按化学成分的不同，建筑装饰材料可分为_____、_____、_____和复合装饰材料四大类。

3. 金属装饰材料，又分为_____和有色金属装饰材料。

4. 建筑装饰材料的性能可分为_____和装饰性能，这两大性能分别决定了建筑最终的使用功能和装饰效果。

二、判断题

（　　）1. 装修的设计风格很多，目前国内常见的有古典主义风格、自然主义风格、欧式风格、美式田园风格、东南亚风格、后现代风格、中式风格以及和式风格等。

（　　）2. 表观密度是材料在自然状态下，单位表观体积内的质量，俗称容重。

（　　）3. 复合木地板是树脂（有机高分子材料）与石屑（无机非金属材料）的复合。

（　　）4. 在室内材料的应用设计中，设计师应综合考虑材质的实用、装饰、环保等。同时，对材料的熟知和合理运用也是设计师必备的基本素养。

项目二 木材装饰材料与施工工艺

项目概述

木作工程也就是人们常说的木作活。鲁班是我国春秋时期一位著名的建筑工匠,在他的指导下,中国成为了当时木作发达的国家。在木作工程中,主要的施工项目有吊顶龙骨架设、木质柜体家具制作、木质门窗制作等。以前的木作工作非常多,随着家具工厂的出现,原来家装中很多木作活被取代,但是木作仍然有它独特的魅力,例如,顶棚个性化设计、家具的独特定制等。

学习目标

知识目标
(1)了解木材装饰材料的分类及特性。
(2)了解木作装饰材料的施工工艺。

能力目标
(1)掌握木作装饰材料的使用规格。
(2)能根据实际情况合理运用木作装饰材料和施工工具。

素质目标
(1)调研木作装饰材料的市场情况。
(2)了解木作装饰材料的行业发展情况。

思政目标
(1)要求学生在木作装饰材料施工过程中遵循国家标准,遵守法规、做遵纪守法的高素质人才。
(2)培养学生一丝不苟、严谨细致、耐心及认真负责的工作作风。

任务工单

一、任务名称
熟识实木地板铺设工艺流程。

二、任务描述
全班同学以分组的形式,梳理、记录、交流实木地板铺设的工艺流程。在任务准备的过程中完成表 2-1 的填写。

表 2-1　实训表（一）

姓名		班级		学号	
学时		日期		实践地点	
实训工具	实木地板铺设的相关资料				

三、任务目的

了解实木地板的铺设方式，掌握实木地板铺设的工艺流程，为将来工作中的施工操作做好扎实的知识储备。

四、分组讨论

全班学生以 3~6 人为一组，选出各组的组长，组长对组员进行任务分工并将分工情况记入表 2-2 中。

表 2-2　实训表（二）

成员	任务
组长	
组员	
组员	
组员	
组员	
组员	

五、任务思考

（1）实木地板有哪三种铺设方式？

（2）实木地板施工工艺有哪些质量要求？

六、任务实施

在任务实施过程中，将遇到的问题和解决办法记录在表 2-3 中。

表 2-3　实训表（三）

序号	遇到的问题	解决办法
1		
2		
3		

七、任务评价

请各小组选出一名代表展示任务实施的成果，并配合指导教师完成表 2-4 的任务评价。

表 2-4　实训表（四）

评价项目	评价内容	分值	评价分值		
			自评	互评	师评
职业素养考核项目	考勤、纪律意识	10 分			
	团队交流与合作意识	10 分			
	参与主动性	10 分			

续表

评价项目	评价内容	分值	评价分值		
			自评	互评	师评
专业能力考核项目	积极参与教学活动并正确理解任务要求	10分			
	认真查找与任务相关的资料	10分			
	任务实施过程记录表的完成度	10分			
	对实木地板铺设工艺流程的掌握程度	20分			
	独立完成相应任务的程度	20分			
合计：综合分数____自评（20%）+互评（20%）+师评（60%）		100分			
综合评价			教师签名		

任务一　认识木材装饰材料

认识木材装饰材料

一、木材基础知识

木材用于建筑和装饰工程已有悠久的历史。木材材质较轻、强度较高，有较佳的弹性和韧度，耐冲击和振动，易于加工和涂饰，对电、热和声音有高度的隔绝能力，特别是木材美丽的自然纹理和柔和的视觉及触觉感观，是室内外环境装饰、家具、工艺品等难得的材料。

1. 木材的种类

木材按照树木种类可分为针叶树和阔叶树两大类。

（1）针叶树

针叶树多为常绿树，树叶细长如针，树干通直高大，纹理平顺，木质均匀且较软，易于加工，故又称"软木材"。针叶树的表观密度和胀缩变形较小，耐腐蚀，适用于装饰工程中隐蔽部分的承重构造，常用的针叶树有红松（图2-1）、云杉（图2-2）、冷杉（图2-3）、柏木（图2-4）等。

图2-1　红松

图2-2　云杉

图2-3 冷杉

图2-4 柏木

（2）阔叶树

阔叶树大多为落叶树，树叶宽大，树干通直部分一般较短，材质强度较大，纹理自然美观，质地较坚硬，难以加工，故又称"硬木材"。阔叶树在建筑上常用于尺寸较小的构件和家具等制造。常用的阔叶树有樟树（图2-5）、桦木（图2-6）、水曲柳（图2-7）、榆木（图2-8）等。

图2-5 樟树

图2-6 桦木

图2-7 水曲柳

图2-8 榆木

2. 木材的构造

（1）木材的宏观构造

木材的宏观构造是指用肉眼或放大镜所能看到的木材组织。从木材的三个切面（横切面是垂直于树轴的面；弦切面是平行于树轴的面；径切面是通过树轴的面）来看，木材由树皮、木质部和髓心等组成。木材的树皮及髓心的利用率不高，在工程上主要用木材的木质部。从木材的横切面来看，木质部表面上有深浅不同的同心圆环，即年轮。在同一年轮内，春天生长的木质称为春材，春材的色泽较浅，材质较软；夏秋季节生长的木质称为夏材，夏材的色泽较深，材质较密。树种相同时，年轮稠密均匀的材质较好；夏材部分多，木材的强度就高。

从髓心呈放射状向外辐射的线条称为髓线。髓线与周围的联结较弱，木材干燥时易沿此线开裂。木材的纹理除了与其自身的宏观构造有关外，还与加工时的剖切方式有关。

（2）木材的微观构造

木材的微观构造显示木材是由无数管状细胞结合而成的，每个管状细胞都有细胞壁和细胞腔两个部分。细胞壁由若干层细纤维组成，纤维之间有微小的空隙能渗透和吸附水分。细胞本身的组织构造在很大程度上决定了木材的性质：夏材组织均匀、细胞壁较厚、细胞腔较小，故材质坚实、表观密度大、强度高，但湿胀干缩较大；春材细胞壁较薄、细胞腔较大，故材质松软、强度低，但湿胀干缩较小。

木材细胞因功能不同可分为管胞、导管、木纤维、髓线等多种。针叶树的微观结构简单且规则，主要是由管胞和髓线组成，其髓线较细小，不很明显；阔叶树的微观结构较复杂，主要由导管、木纤维及髓线等组成，其髓线很发达，粗大且明显。导管是细胞壁薄而细胞腔大的细胞，大的导管肉眼可见。

二、木质地板

在地面材料中，由于木质地板具有自然高雅、多变化、能与多种室内风格相协调的优点而深受人们喜爱，是热销的地面装饰材料之一。

1. 实木地板

实木地板是由天然树木的原木芯材及部分边材（图2-9），不做任何粘接处理，通过烘干、刨切、刨光等过程加工成型，再经过干燥、防腐、防蛀、阻燃涂装工艺处理后制成的。其有自然美观、自重较轻、耐久性好、容易加工、冬暖夏凉、缓和冲击、隔声、脚感好等优点。

（1）实木地板的分类

根据接缝不同，实木地板可分为平口地板、错口地板和企口地板。

图2-9　实木地板铺装效果

按表面有无涂饰，实木地板分为涂饰实木地板、未涂饰实木地板。涂饰实木地板是指地板的表面已经涂刷了地板漆，可以直接安装后使用；未涂饰实木地板是指素板，即木地板表面没有进行涂装处理，在铺装后必须涂刷地板漆后才能使用。

根据加工工艺方法的不同，实木地板可分为以下种类。

① 条形企口实木地板

条形企口实木地板也称为榫接地板，是室内装饰中十分普通的木质地板，通常采用直径较大的优良树种，如松木、杉木、水曲柳、樱桃木、柞木、柚木及桦木等。该地板的宽度一般不大于120 mm，厚度不大于25 mm。该地板的规格有：长450 mm、600 mm、800 mm、900 mm，宽60 mm、80 mm、100 mm，厚18 mm、20 mm。该种地板在纵向和宽度方向都开有榫槽，绝大多数的条形企口实木地板在背面开有抗变形槽。

② 指接地板

指接地板由等宽不等长的板条通过榫槽结合、胶粘的形式接成，接成以后的结构与企口地板相同。

③ 集成材地板（拼接地板）

集成材地板由等宽的小板条拼接起来，再由多片指接材横向拼接成成品，这种地板幅面较大、尺寸稳定性较好。

④ 拼花木地板

拼花木地板是采用阔叶树种的硬木材，经干燥处理并加工成一定几何尺寸的小木条，再拼成一定图案制成。早期的拼花木地板颜色丰富、图案精美、制作工艺复杂；现在普遍使用的拼花木地板是通过小木条不同方向的组合拼出多种图案花纹，常见的有正芦席纹、斜芦席纹、"人"字纹和清水砖墙纹等。拼接时，应根据个人的喜好和室内面积的大小决定地面的图案和花纹，以达到最佳的装饰效果。

⑤ 仿古实木地板

仿古实木地板表面的花纹都是由人工雕刻而成的，有独特的古典风格的艺术气质，这是其他木地板无法比拟的。

（2）实木地板的优、缺点

① 实木地板的优点

隔声隔热。实木地板材质较硬、木纤维结构紧密、热导率较低，阻隔声音和保温等效果要优于水泥、瓷砖和钢铁。

调节湿度。气候干燥时，木材内部水分会释出；气候潮湿时，木材会吸收空气中的水分。实木地板通过吸收和释放水分来调节室内湿度。

冬暖夏凉。冬季，实木地板的板面温度要比瓷砖的板面温度高 8 ~ 10 ℃，人在木地板上行走无寒冷感；夏季，实木地板的居室温度要比瓷砖铺设的房间温度低 2 ~ 3 ℃。

绿色无害。实木地板用材取自森林，无挥发性的油漆涂装。

华丽高贵。实木地板取自高档硬木材料，板面木纹秀丽，装饰典雅高贵，可用于中高端室内地面装修。

经久耐用。实木地板绝大多数品种的材质较硬密,耐腐蚀,正常使用寿命可长达几十年乃至上百年。

② 实木地板的缺点

难保养。实木地板对铺装的要求较高,一旦铺装不好,会造成一系列问题,如有声响等。铺装好之后还要经常打蜡上油,否则地板表面的光泽易消失。

稳定性差。若室内环境过于潮湿或干燥,实木地板容易起拱、翘曲或变形。

性价比偏低。实木地板的市场竞争力不如其他几类木地板,特别是在稳定性与耐磨性上与复合木地板的差距较大。

2. 复合木地板

复合木地板主要是指实木复合地板和强化复合木地板两大类。由于复合木地板既具有实木地板的天然质感,又有良好的硬度与耐磨性,且在装饰过程中无须涂装、打蜡,污染后可用抹布擦拭,还有较好的阻燃性能,因此很受广大用户的青睐。

(1) 实木复合地板

实木复合地板是由不同树种的板材交错层压制成的(图 2-10),克服了实木地板单向同性的缺点,干缩湿胀较小,具有较好的尺寸稳定性。实木复合地板既保留了实木地板木纹优美、自然的特性,又显著节约了优质珍贵木材资源。实木复合地板表面大多涂有多层的优质紫外线固化涂料,不仅有较理想的硬度、耐磨性、抗刮性,且阻燃、光滑、便于清洁。其芯层大多采用再生迅速的速生树种,也可用廉价的小径树种,而且不用剔除木材的各种缺陷,出材率很高,成本优势明显,其弹性、保温性能等也不亚于实木地板。

图 2-10 实木复合地板

 知识链接

实木复合地板的分类

1. 三层实木复合地板

三层实木复合地板是由面层、芯层、底层三层实木板相互垂直层压,通过合成树脂胶热压制成的。面层为耐磨层,厚度为 4~7 mm,一般选择质地坚硬、纹理美观的树种,如柚木、榉木、橡木、樱桃木、水曲柳等;芯层厚度为 7~12 mm,可采用软质速生木,如松木、杉木、杨木等;底层(防潮层)厚度为 2~4 mm,可采用速生杨木或中硬杂木。由于三层实木复合地板的各层纹理相互垂直胶结,降低了木材的膨胀率,因而不易变形和开裂,并保留了实木地板的自然纹路和舒适脚感。

2. 多层实木复合地板

多层实木复合地板是以多层实木胶合板为基材，在其上覆贴一定厚度的硬木薄片或制切薄木，通过合成树脂胶热压制成的。

（2）强化复合木地板

强化复合木地板又称为强化木地板或浸渍纸压木地板（图2-11），一般由耐磨层、装饰层、芯层、防潮层通过合成树脂胶热压制成。耐磨层是在强化复合木地板的表层上均匀压制一层由三氧化二铝组成的耐磨剂。装饰层一般是经过三聚氰胺树脂浸渍的木纹图案装饰纸。芯层为高密度纤维板。防潮层为浸渍了酚醛树脂的平衡纸。强化复合木地板的常见规格为：宽180 mm、200 mm；长1 200 mm、1 800 mm；厚6 mm、7 mm、8 mm、12 mm。

① 强化复合木地板的优点

强化复合木地板的铺设效果较好，耐磨性能好，且阻燃性能和耐污染、耐腐蚀能力较强，抗冲击性能好，铺设方便且易于清洁和护理。

图2-11　强化复合木地板

② 强化复合木地板的缺点

强化复合木地板由于密度较大，所以脚感稍差，且可修复性较差，一旦损坏便无法修复，必须更换。强化复合木地板由于在生产过程中会使用含甲醛的胶黏剂，存在一定的甲醛释放问题。

3. 软木地板

软木地板是木地板家族中价格比较昂贵的品种，与复合木地板相比，在环保、隔声、防潮等方面的效果更好一些，脚感也更好。

软木取材于栓皮栎橡树的树皮，栓皮栎橡树是世界上现存十分古老的树种，也是珍贵的绿色可再生资源。现在世界上的软木资源主要集中在地中海沿岸及我国的秦岭地区。软木是由许多充满空气的木栓质细胞组成的，细胞壁上有纤维素质的骨架，其上覆盖木栓质和软木蜡，使其成为一种不透水物质，具有质地轻柔、富有弹性、密度小、不传热、不导电、不透气、耐久、耐压、耐磨、耐腐蚀、耐酸、耐水及无延展等特性。软木制品的使用寿命较长，非常适合制作软木装饰墙板和地板。

（1）软木地板的种类

软木地板可分为粘贴式软木地板和锁扣式软木地板。

粘贴式软木地板一般为三层结构，最上层是耐磨水性涂层；中间层是人工打磨的软木面层，该层为软木地板花色；最下层是二级环境工程学软木基层。

锁扣式软木地板一般分为六层，从上往下，第一层是耐磨水性涂层；第二层是人工打磨的软木面层，该层为软木地板花色；第三层是一级人体工程学软木基层；第四层是7 mm厚的高密度纤维板（HDF）；第五层是锁扣拼接系统；第六层是二级环境工程学软木基层。

软木地板的一般规格为 305 mm × 915 mm × 10.5（11）mm、450 mm × 600 mm × 10.5（11）mm。市面上一般采用粘贴式软木地板来配合地热采暖。粘贴式软木地板的使用寿命比锁扣式软木地板要长，可以铺装在厨房、卫生间等潮湿环境中。

（2）软木地板的应用

对于软木，人们认识比较多的是软木葡萄酒瓶塞，其实软木墙板和软木地板已有上百年的使用历史。软木地板保持了软木的自然本色，具有独特的自然花纹。由于软木特殊的多孔薄壁细胞结构，产品具有优异的防滑、隔声、隔振效果，且弹性适宜、行走舒适，有益于身体健康。软木地板还具有保温、隔热、绝缘、不产生静电、耐液（水、油、酸、皂液等）、不霉变、防潮、无毒、不易燃、有自熄性、铺装方便、易于清洁、装饰效果好等特点，且不含甲醛等有害物质，是一种绿色环保产品。

软木地板适用于家庭、医院、幼儿园、老年公寓、别墅、办公室、各种商场、计算机房、图书馆、博物馆、实（化）验室、播音室、演播厅、高级宾馆、会议室等场所，特别适用于需要安静、防滑、耐水、防潮、防蛀虫的地方（图2-12）。

4. 竹木复合地板

竹木复合地板是竹材与木材复合再生的产物，它的面板和底板采用的是上好的竹材，而其芯层多为杉木、樟木等木材（图2-13）。竹木复合地板的生产制作要依靠精良的机器设备和先进的生产工艺，经过一系列的防腐、防蚀、防潮、高压、高温以及胶合、旋磨等工序制成。竹木复合地板外观自然清新、纹理细腻流畅，有弹性；同时，其表面坚硬程度可以与木制地板中的常见材种相媲美。

图2-12 软木地板的应用

图2-13 竹木复合地板

另一方面，由于该地板的芯材采用了木材作为原料，故其具有稳定性好、结实耐用、脚感好、格调协调、隔声性能好、冬暖夏凉等优点，适用于居家环境以及体育娱乐场所等室内装修。

竹木复合地板按表面不同可分为径面竹地板（侧压竹地板）和弦面竹地板（平压竹地板）两大类；按加工处理方式不同又可分为本色竹地板和炭化竹地板。

本色竹地板保持了竹子原有的色泽。

炭化竹地板的竹条经过高温高压炭化处理后，颜色加深，并且色泽均匀一致；同时，经过独有的二次炭化技术，将竹材中的营养成分全部炭化，材质更为轻盈，竹纤维呈"空心砖"状排列，抗拉、抗压强度及防水性能得到显著提高，并从根本上解决了虫蛀问题。竹木复合地板的常用规格长为 460～2 200 mm、宽 60～150 mm、厚 9～30 mm，也可以根据需要定制。

三、木作板材的种类

1. 细木工板

细木工板俗称大芯板（图 2-14）。细木工板是一种特殊的夹芯胶合板，是目前装饰中最常使用的板材之一，一般配合装饰面板、防火板等面材使用，一般为三层结构。细木工板竖向（以芯材走向区分）抗弯压强度差，但横向抗弯压强度较高。

图 2-14 细木工板

最常见材料厚度为 12～25 mm 不等，国际标准厚度为 12 mm、15 mm、18 mm、30 mm，表面颜色是白色或淡黄色，外面是由两层薄薄的单板夹着木条压制的芯。尺寸大小为 220 mm×2 440 mm；等级为 E0 级和 E1 级。

知识链接

细木工板选购要点

1. 选择机拼板

细木工板分为手拼板和机拼板两类。一般手拼板板芯木条排列不齐，缝隙大，多为下脚料，板面有凹凸，持钉力差，不宜锯切加工；机拼板的板芯排列均匀整齐，面层与加压板芯材结合紧密。

2. 芯材最好不选硬杂木的

细木工板的芯材多为杨木、松木、硬杂木等，内填松木等树种的持钉力强，不易变形。

3. 注意板材的外观

看板材的表面是否平整、有无凹凸、是否弯曲变形等。好的板材双面抛光，用手摸感觉非常光滑，四边平直，侧口芯板排列整齐，无缝隙。

4. 注意检测板材的含水率

细木工板的含水率应不超过 12%。优质细木工板采用机器烘干，含水率可达标，劣质细木工板含水率常不达标。

5. 注意板材的甲醛含量

选择时，应避免用有刺激性气味的装饰板。因为气味越大，说明甲醛释放量越高，污染越严重，危害性越大。

2. 饰面板

饰面板别名三夹板（图 2-15），全称装饰单板贴面胶合板，它是将天然木材或科技刨切成一定厚度的薄片，黏附于胶合板表面，然后热压而成的一种用于室内装修或家具制造的表面材料。

尺寸大小长为 1 220 mm×2 440 mm、厚 2.1～2.9 mm。常用的天然木皮（档次从高往低排）主要有柚木、黑檀、美国樱桃木、枫木、红橡木、黑胡桃木、水曲柳、沙比利、红榉、红胡桃等。

3. 指接板

指接板由多块木板拼接而成，上下不再黏压夹板，由于竖向木板间采用锯齿状接口，类似两手手指交叉对接，故称指接板（图 2-16）。

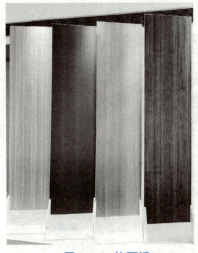

图 2-15　饰面板　　　　图 2-16　指接板

指接板与木作板的用途一样，只是指接板在生产过程中用胶量比木作板少，所以是较木作板更为环保的一种板材。目前已有越来越多的人开始选用指接板来替代木作板。指接板常见厚度有 12 mm、15 mm、18 mm 三种，最厚可达 36 mm。

指接板上下无须黏贴夹板，用胶量大大减少。指接板用的胶一般是乳白胶，即聚醋酸乙烯酯的水溶液，是用水做溶剂，无毒无味，就算分解也是醋酸，无毒。

指接板还分有节与无节两种，有节的存在疤眼；无节的不存在疤眼；较为美观。有些业主直接用指接板制作家具，表面不用再贴饰面板，有特色且成本低。

简单鉴别指接板好坏的方法是看芯材年轮。指接板多是杉木的，年轮较明显；年轮越大，说明树龄长，材质也就越好。

指接板分为明齿和暗齿，暗齿最好，这是因为明齿在上漆后较容易出现不平现象，当然暗齿的加工难度要大些。木质越硬的板越好，因为它的变形要小得多，且花纹也会美观些。

指接板与木作板的区别：指接板属于实木的，木作板是人造板。所以指接板有天然纹理的感觉，给人回归大自然的感觉。

> **知识链接**
>
> ### 指接板选购要点
>
> 指接板选购要点如下。
> （1）木色均匀，有天然的健康光泽，无污点。
> （2）木纹统一、自然，能够体现纹理特征，最好形成一定的图案效果。
> （3）木料的含水率为8%～12%比较合适，在使用中不会出现开裂和翘起的现象。
> （4）板面光滑、平整，边角切割整齐，尺寸符合规格（1 220 mm×2 440 mm），看上去整块板没有歪斜的感觉。

4. 密度板

密度板也称纤维板（图2-17），是以木质纤维或其他植物纤维为原料，施加脲醛树脂或其他适用胶黏剂制成的人造板材。按其密度的不同，分为高密度板、中密度板、低密度板。密度板由于质软耐冲击，容易再加工，在国外是制作家具的良好材料，但由于我国高密度板的标准比国际标准低，所以密度板在中国的使用质量还有待提高。

密度板表面光滑平整、材质细密、性能稳定、边缘牢固，有较高的抗弯强度和抗冲击强度，而且板材表面的装饰性好。

图2-17 密度板

密度板的缺点如下。
（1）密度板的握钉力较差。
（2）密度比较大，刨切较难。
（3）不防潮，遇水膨胀。

密度板市场常用规格有1 220 mm×2 440 mm、1 525 mm×2 440 mm两种，厚度2.0～2.5 mm。

> **知识链接**
>
> ### 密度板选购要点
>
> #### 1. 看表面清洁度
> 清洁度好的密度板，表面应无明显的颗粒。
>
> #### 2. 看表面光滑度
> 用手抚摸表面时应有光滑感觉，如感觉较涩则说明加工不到位。
>
> #### 3. 看表面平整度
> 密度板的表面平整度是十分重要的，若是看起来就不平整的话，那么就是劣质的密度板，材料或者是涂料的工艺不完善。

4. 看表面漆膜硬度

漆膜应选比较硬、比较亮、比较透明的聚酯漆。

5. 看整体弹性

较硬的密度板一定是劣质产品。

6. 用手敲击板面

声音清脆悦耳、均匀的纤维板质量较好。

7. 检测甲醛释放量是否超标

密度板甲醛含量是比较高的，因为密度板主要是采用胶粘工艺，将木质纤维材料通过加热加压的方式制成，其中胶水用量越大，甲醛含量就越高。

密度板主要检测甲醛释放量和结构强度，密度板按甲醛释放量分 E1 级和 E2 级，国际环保组织规定的绿色建材的标准是不高于 8 mg/100 g，应尽量选择低于此标准的品牌。环境标志人造板材的甲醛允许释放量标准是 0.20 mg/m³。通常，上规模的生产厂商制造的密度板大部分都合格。市场上的密度板大部分是 E2 级的，而 E1 级的比较少。

5. 刨花板

刨花板又叫作微粒板、蔗渣板（图 2-18），由木材或其他木质纤维素材料制成的碎料，施加胶黏剂后在热力和压力作用下胶合成的人造板，也称碎料板。其主要用于家具和建筑工业及火车、汽车车厢制造。

图 2-18 刨花板

刨花板优点如下。

（1）有良好的吸声和隔声性能。

（2）内部为交叉错落结构的颗粒状，各部方向的性能基本相同，横向承重力好。

（3）表面平整，纹理逼真，材质均匀，厚度误差小，耐污染，耐老化，美观，可进行油漆和各种贴面。

（4）刨花板在生产过程中，用胶量较小，环保系数相对较高。

刨花板的缺点：在裁板时容易造成暴齿的现象，所以部分工艺对加工设备要求较高，不宜现场制作。

 知识链接

刨花板选购要点

注意厚度是否均匀，板面是否平整、光滑，有无污渍、水渍、胶渍等。

国标有严格规定，刨花板的长度和宽度只允许正公差，不允许负公差。而厚度允许偏差，依照板面平整光滑的砂光产品与表面毛糙的未砂光产品二类而定。经砂光的产品质量高，板材的厚薄公差均匀；未抛光产品精度稍差，板材中各处厚、薄公差较不均匀。

注意检查游离甲醛含量，我国规定 100 g 刨花板中游离甲醛含量不能超过 9 mg。随便拿起一块刨花板的样板，用鼻子闻一闻，如果板中带有强烈的刺激味，显然超过了标准要求，尽量不要选择。

刨花板中不允许有断痕，透裂，单位面积大于 40 mm^2 的胶斑、石蜡斑、油污斑等污染点及边角残损等缺陷。

6. 生态板

三聚氰胺装饰纸经由高温压在实木板上即形成生态板（图 2-19）。生态板与传统产品比较，追求的是环保概念。近几年，生态板成为装修板材行业的新宠。

生态板的优点如下。

（1）防水、防潮。

（2）握钉力好。

（3）省钱，省力，性价比高。

（4）环保 E1、E0 标准。

（5）耐久性良好。

图 2-19　生态板

> **知识链接**
>
> **生态板选购要点**
>
> 闻：由于生态板是环保材料，产品的含胶量少，所以凑近时可以闻到生态板上淡淡的木头味。
>
> 掂：当一块生态板与平常木板相比较，能够很明显地感觉到生态板具有一定的质量，具有厚实感，而标准的生态板其厚度为 18 mm。
>
> 摸：用手触摸生态板能够感觉到表面十分光滑、平整、结实。
>
> 敲：用重物敲打生态板，其表面无痕迹，耐刮性好，而平常的木板材料在物体的敲打下会显出坑洼。

7. 夹板

夹板也称胶合板、多层板，俗称细芯板（图 2-20），由三层或多层 1 mm 厚的单板或薄板胶贴热压制而成。

夹板是最早用于家装的人造板材料。其优点是强度大，抗弯曲性能好，缺点是稳定性差，易变形，不适宜做柜门。

夹板一般分为 3 厘板、5 厘板、9 厘板、12 厘板、15 厘板和 18 厘板六种规格。1 厘即为 1 mm。3 mm 的多用来做有弧度的吊顶；9 mm、12 mm 的多用来做柜子的背板、隔断、踢脚线。15 mm、18 mm 的

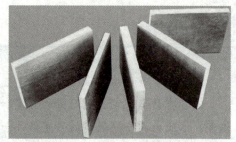

图 2-20　夹板

多用来做工程上的脚手板。判断夹板质量好坏的方法就是看厚度。

8. 石膏板

(1) 石膏板的规格与优点

石膏板是以建筑石膏为主要原料制成的一种材料（图2-21）。它是一种密度小、强度较高、厚度较薄、加工方便以及隔声绝热和防火等性能较好的建筑材料，是当前着重发展的新型轻质板材之一。石膏板已广泛用于住宅、办公楼、商店、旅馆和工业厂房等各种建筑物的内隔墙、墙体覆面板（代替墙面抹灰层）、吊顶、吸声板、地面基层板和各种装饰板等。其长度有1 800 mm、2 100 mm、2 400 mm、2 700 mm、3 000 mm、3 300 mm、3 600 mm；宽度有900 mm、1 200 mm；厚度有9.5 mm、12.00 mm、15.0 mm、18.0 mm、21.0 mm、25.0 mm。家装常用尺寸3 000 mm×1 200 mm×9.5 mm。

石膏板的优点：质轻、耐火、保温、隔声、施工方便快捷、便于表面装饰。

图2-21 石膏板

> **知识链接**
>
> **石膏板选购要点**
>
> 目测，表面平整光滑，没有气孔、污痕、裂纹、缺角、色彩不均和图案不完整现象，纸面石膏板上下两层牛皮纸需结实；再看侧面，石膏质地是否密实，有没有空鼓现象。
>
> 用手敲击，检查石膏板的弹性。敲击发出很实的声音说明石膏板严实耐用，如发出很空的声音说明板内有空鼓现象，且质地不好。用手掂分量也可以衡量石膏板的优劣。
>
> 尺寸允许偏差、平面度和直角偏离度，其要符合合格标准，如偏差过大，会使装饰表面拼缝不整齐。
>
> 看标志，在每一包装箱上，应有产品的名称、商标、质量等级等标志。购买时应重点查看质量等级标志。装饰石膏板的质量等级是根据尺寸允许偏差、平面度和直角偏离度划分的。

9. 龙骨

龙骨分为木龙骨、轻钢龙骨、铝合金龙骨，具体内容如下。

(1) 木龙骨

木龙骨是家庭装修中最常用的骨架材料，根据使用部位来划分，木龙骨分为吊顶龙骨、竖墙龙骨、铺地龙骨以及悬挂龙骨等（图2-22）。

木龙骨俗称为木方，主要由松木、椴木、杉木等树木加工成截面长方形或正方形的木条。它是装修中

图2-22 木龙骨

常用的一种材料，有多种型号，用于撑起外面的装饰板，起支架作用。吊顶用的木龙骨一般以松木龙骨为多。

木龙骨一般是长方形或者正方形的木条，规格没有限制。隔墙木龙骨用得比较多的规格是 20 mm×30 mm×（2～4）m。墙裙木龙骨的常用规格是 10 mm×30 mm。铺地木龙骨的常用规格是 25 mm×40 mm×（2～4）m 或 30 mm×40 mm×（2～4）m。副（次）龙骨的常用规格有 20 mm×30 mm、25 mm×35 mm 和 30 mm×40 mm。主龙骨的常用规格有 30 mm×40 mm、40 mm×60 mm。此外，还有 60 mm×80 mm 的大规格龙骨，但是基本不会用于家庭装修。

木龙骨的优点：容易造型，握钉力强，易于安装，特别适合与其他木制品的连接。

木龙骨的缺点：不防潮，容易变形，不防火，可能生虫发霉等。

知识链接

木龙骨选购要点

新鲜的木龙骨略带红色，纹理清晰，如果其色彩呈现暗黄色，无光泽说明是朽木。

看所选木方横切面的规格是否符合要求，头尾是否光滑均匀，不能大小不一。同时木龙骨必须平直，不平直的木龙骨容易引起结构变形。

要选疤节较少、较小的木龙骨，如果疤节大且多，钉子在疤节处会拧不进去或者钉断木方，容易导致结构不牢固。

要选择密度大、无虫眼的木龙骨，可以用手指甲抠，好的木龙骨不会有明显的痕迹。

（2）轻钢龙骨

轻钢龙骨（图2-23）其特点如下。

① 绝对防火：龙骨用防火的镀锌板制造，经久耐用。

② 结构合理：采用经济放置式结构、特殊连接方法，组合装卸方便，节省工时、施工简单。

③ 造型美观：龙骨表面经过烤漆处理，美观易造型。

④ 用途广泛：适用于商场、写字楼、宾馆、酒楼、银行及各种大型公共场所。

（3）铝合金龙骨

铝合金龙骨是对铁皮烤漆龙骨的改进（图2-24）。因为铝经过氧化处理之后不会生锈和脱色，原来的铁皮烤漆龙骨时间长了会因为氧化而生锈、发黄和掉漆。

图 2-23　轻钢龙骨

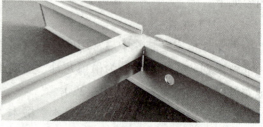

图 2-24　铝合金龙骨

四、其他木材装饰材料

1. 防腐木

防腐木是经过防腐工艺处理的天然木材，经常被运用在建筑与景观环境设施中，体现了亲近自然、绿色环保的理念（图2-25）。防腐木根据处理工艺的不同可分为经过防腐剂处理的防腐木、经过热处理的炭化木和不经过任何处理的红崖柏。

经过防腐剂处理的防腐木选用优质木材，使用传统的铬化酸铜（CCA）防腐剂或烷基铜铵化合物（ACQ）防腐剂对木材进行真空加压、浸渍处理制成。经过此法处理的木材在室外条件下，正常使用的寿命可达20～40年之久。经过防腐处理的木料不会受到真菌、昆虫和微生物的影响，具有性能稳定、密度高、握钉性能好、纹理清晰的特点。

经过热处理的炭化木是将天然木材放入一个相对封闭的环境中，对其进行高温（180～230℃）处理，得到的一种拥有部分炭化特性的木材制品。该制品是将木材的有效营养成分炭化，通过切断腐朽菌生存的营养链来达到防腐的目的。木材在整个处理的过程中，只与水蒸气和热空气接触，不添加任何化学试剂，保持了木材的天然本质。同时，木材在炭化过程中，内外受热均匀一致，在高温的作用下颜色加深，炭化后效果可与一些热带、亚热带的珍贵木材相提并论。

红崖柏是一种产于加拿大的常见树种，其制品未经过任何防腐处理，主要是靠木材自含的一种酶散发特殊的香味来达到防腐的目的。

防腐木适用于建筑外墙、景观小品、亲水平台、凉亭、护栏、花架、屏风、秋千、花坛、栈桥、雨篷、垃圾箱、木梁等（图2-26）。用于室外装饰外墙时，木板常用的厚度为12～20 mm；用于室外地板时，木板的厚度一般为20～40 mm。

图2-25 防腐木

图2-26 防腐木制品的应用

> 知识链接
>
> ### 实木马赛克
>
> 实木马赛克区别于传统的陶瓷马赛克，主要是由生态木制成，芯材是由木质纤维加树脂后经过高强度挤压制成（图2-27）。实木马赛克具有天然的木质感和木材纹理，高档且美观。强化纹理的实木马赛克，由于采用了凹凸立体工艺，让马赛克不再平面化，而是走向了立体3D效果，同时让空间更加广阔并富有层次感。强化肌理的褶皱实木马赛克，在木纹原有的基础上进行了深入刻画，让触感得到了最大体现。
>
>
>
> 图2-27 实木马赛克的应用

2. 木质装饰线

木质装饰线是室内造型设计时使用的重要材料（图2-28），同时也是非常实用的功能性材料。一般用于顶棚、墙面装饰及家具制作等装饰工程的平面相接处、相交面、分界面、层次面、对接面的衔接、收边、造型等。同时，在室内起到色彩过渡和协调的作用，可利用角线将两个相邻面的颜色差别和谐地搭配起来，并能通过角线的安装弥补室内界面处土建施工的质量缺陷等。

木质装饰线的品种、规格较多（图2-29）。其从材质上分有硬质杂木线、水曲柳线、山樟木线、胡桃木线、柚木线等；从功能上分有压边线、柱角线、压角线、墙角线、墙腰线、覆盖线、封边线、镜框线等；从外形上分有半圆线、直角线、斜角线等；从款式上分有外突式、内凹式、凹凸结合式、嵌槽式等。

图2-28 木质装饰线的运用

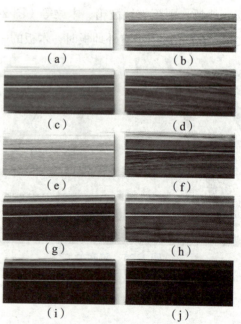

图2-29 木质装饰线的种类

> **知识链接**
>
> **木质装饰线的施工要求**
>
> 木质装饰线的施工要求如下。
> （1）木质装饰线的安装基层必须平整、坚实，装饰线不得随基层起伏。
> （2）木质装饰线的安装应根据不同基层采用相应的连接方式，可用钉子进行固定。
> （3）木质装饰线的连接既可进行对接拼接，也可弯曲成各种弧线。接口处应拼对花纹，拐弯接口应齐整无缝，同一种房间的颜色要一致。
> （4）木质装饰线的表面可用清水或混水工艺装饰。
> （5）木质装饰线宜选用木质硬、木质细、材质好的木材，并应光洁、手感顺滑，无飞边。
> （6）木质装饰线应色泽一致，无瘤节、开裂、腐蚀、虫眼等缺陷。
> （7）木质装饰线图案应清晰，加工深度应一致。
> （8）检查背面，木质装饰线背面质量要满足设计要求。已经涂装的木质装饰线，既要检查正面涂装的光洁度、色差，也要检查背面的同类检验项。

3. 木门

木门根据材料不同可分为实木门、实木复合门、模压门等，具体内容如下。

（1）实木门

实木门是以天然原木作为门芯，经过脱脂烘干处理后，经下料、抛光、开榫、打眼、高速铣形等工序制成（图2-30）。实木门选用的多是名贵木材，如樱桃木、胡桃木、橡胶木、金丝柚木、橡木等，经过加工后的成品实木门具有不变形、耐腐蚀、无拼接缝及隔热保温、隔声等特点。

图2-30　实木门的运用

（2）实木复合门

实木复合门的门芯一般用松木、柏木、杉木或者其他杂木填充，表面是密度板贴木皮或木纹纸（图2-31）。实木复合门有两种，一种木质复合门；另一种指接实木门。木质复合门的门芯填充的是板材或者是由小木料、木渣加胶水粘合成的混合物；指接实木门的门芯填充的是实木块，环保性能比木质复合门要好。实木复合门越重越好。其价格一般根据填充门芯的木材种类和数量决定，也跟门外贴的木皮或木纹纸的种类有关。

（3）模压门

模压门采用人造林的木材，经去皮、切片、筛选、研磨等工艺制成干纤维，拌入酚醛胶和石蜡后，在高温高压下经一次模压制成（图2-32）。模压门其门板可分为以下两类。

图 2-31 实木复合门

图 2-32 模压门

① 实木贴皮模压门板

实木贴皮模压门板采用中密度板或高密度板为基材，表面贴饰水曲柳、黑胡桃木、花梨木和沙比利木等天然实木皮；由真空模压机在高温、高压、高热环境下，采用一次成型或两次成型工艺制成；具有低碳、环保、美观、安装便捷、不开裂、不变形等优点，受到广大消费者的喜爱。

② 三聚氰胺模压门板

三聚氰胺模压门板采用中密度板或高密度板或钢板为基材，表面贴饰三聚氰胺纸，由真空模压机在高温、高压、高热环境下制成。三聚氰胺模压门板造价便宜、装潢费用低，应用越来越多。

知识链接

木作工程施工工具

木作工程施工工具见表 2-5、表 2-6。

表 2-5 电动工具

名称	作用
锯机	把锯机安装在预先做好的糜台上，用来锯开大型板材
电刨	把不平的木板木框刨平
电锤	换上不同型号的钻头，在原墙、顶或瓷砖、大理石上钻孔来装钉膨胀螺钉、木楔等，还可用于墙面拉毛
空压机	产生气压，使枪钉经射枪入木
射钉枪	根据不同的工序要求，装上不同型号的射钉，用于封闭线条和部分结构板
马钉	抽屉背板、柜体的背板需用马钉固定
文钉枪	用于饰面板和外层三夹板的固定，特点是钉眼小

表 2-6 手动工具

名称	作用
角尺	90°正角、靠紧一方画出横向定位到反面
墨斗	弹出需要的线条
钢卷尺	量出所需尺寸大小
平水管	利用连通水流的原理，确定房间内的水平高度
平水尺	局部平水、空气点在正中为平
传统手锯	锯割一般木料
板锯	锯片很宽，靠自身的挺进，穿越大板中心无障碍
刀锯	锯齿很细，适用锯修口线斜角
钢锯	锯断钢条，如柜门的钢条
鸡尾锯	锯少量转弯的工艺
中刨	把特殊、不平整的毛料刮到基本平整
长刨	用于拼缝
短刨	又称光刨，用于表层修饰
带线刨	用于局部、边缘修整
修线刨	可替代修边机，刨刀较窄仅 2 cm，口很密
鸟刨	修光高弯度，手要掌握方向和角度
凿刀 1 套（mm）	5、10、20、30、40，装锁、装合页等
羊角钉槌	把钉子钉入木板，用力握紧手柄
胶钳	剪断铁丝、钉子、钳住小物件
拔钉钳	拔出钉歪的钉子、射钉等
"十"字螺钉旋具	把"十"字头螺钉旋进物体
"一"字螺钉旋具	把"一"字头螺钉旋进物体
试电笔	测试电源，维修电动工具
双面油石	使刀口锋利（学会磨刀是一个关键，应磨平整）
青细磨石	细磨石使锋刀口更利
手电钻	换上不同类型的钻头，可以在夹板、玻璃、石膏板、瓷砖等材料钻出适合尺寸的孔，还是上螺钉的省力工具
镙机	又称修边机，换上不用的镙头，在夹板上镙出适合尺寸的缝隙
风批	用气管把气送入风批，装上风批头，可扭螺钉
切线机	可切 90°及任何斜度的断口，如门套线拼角
曲线锯	把木板锯成曲线，可任意转弯

任务二　木作装饰材料施工工艺

一、木龙骨吊顶

木龙骨吊顶由吊杆、承载龙骨、覆面龙骨和面板组成。木龙骨吊顶工程实施流程如下。

1. 放线

放线是吊顶施工的标准，放线的内容主要包括标高线、造型位置线、吊点布置线、大中型灯位线等。放线的作用是一方面使施工有了基准线，便于下一道工序确定施工位置；另一方面能检查吊顶以上部位的管道等对标高位置的影响。

吊顶时首先要确定标高线；室内吊顶装饰施工中的标高，可以以装饰好的楼地面表面为基准，根据设计要求在墙（柱）面上量出吊顶垂直高度，作为标高。然后确定造型位置线；根据设计要求，先以一面墙为基准量出吊顶造型位置线的距离，并按该距离在顶面画出平行于墙面的直线，即可得到造型位置外框线。最后确定吊点位置；吊点间距一般为 900 ～ 1 200 mm，灯位处、承载部位、龙骨与龙骨相接处应增设吊点。

2. 木龙骨处理

木龙骨处理时，对吊顶用的木龙骨进行筛选，将其中腐蚀部分、斜口开裂、虫蛀等部分剔除。对工程中所用的木龙骨均要进行防火处理，一般将防火涂料涂刷或喷于木材表面，也可把木材放在防火涂料槽内浸渍。

对于直接接触结构的木龙骨，如墙边龙骨、梁边龙骨、端头伸入或接触墙体的龙骨应预先刷防腐剂，要求涂刷的防腐剂具有防潮、防蛀、防腐的功效。

3. 龙骨拼装

吊顶的龙骨架在吊装前，应在楼地面上进行拼装，拼装的面积一般控制在 10 m² 以内，否则不便吊装。拼装时，先拼装大片的龙骨骨架，再拼装小片的局部骨架，接口处应涂胶并用钉子固定（图 2-33）。

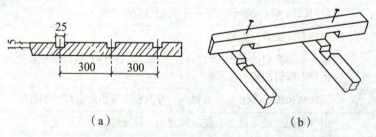

图 2-33　龙骨拼装示意图

4. 安装吊点、吊筋

吊点的固定应根据楼板的类型不同有所区别，吊点可采用膨胀螺栓、射钉、预埋铁件等方法；用冲击电钻在建筑结构面上打孔，然后放入膨胀螺栓。用射钉将角铁等固定在建筑结构底面。

吊筋常采用钢筋、角钢、扁铁或方木。吊筋与吊点的连接可采用焊接、钩挂、螺栓或螺钉的连接方法。吊筋安装时，应做防腐、防火处理。

5. 固定沿墙龙骨

沿吊顶标高线固定沿墙龙骨，一般是用冲击钻在标高线以上 10 mm 处墙面打孔；孔深 12 mm，孔距 500~800 mm，孔内塞入木楔；将沿墙龙骨钉固在墙体上，沿墙木龙骨固定后，其底边与其他次龙骨底边标高一致。

6. 龙骨吊装固定

木龙骨吊顶的龙骨架有两种形式，即单层网格式木龙骨架和双层木龙骨架。

（1）单层网格式木龙骨架的吊装固定

首先，从一个墙角开始，将拼装好的木龙骨架托起至标高位置，对于高度低于 3 200 mm 的吊顶骨架，可在高度定位杆上作临时支撑（图 2-34）；高度超过 3 200 mm 时，可用铁丝在吊点做临时固定。

然后，用棒线绳或尼龙线沿吊顶标高线拉出平行或交叉的几条水平基准线作为吊顶的平面基准。

最后，将龙骨架向下慢慢移动，使之与基准线平齐；待整片龙骨架调正调平后，先将其靠墙部分与沿墙龙骨钉接，再用吊筋与龙骨架固定。

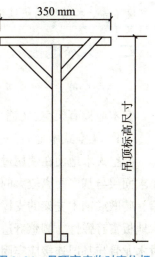

图 2-34　吊顶高度临时定位杆

（2）双层网格式木龙骨架的吊装固定

首先，进行主龙骨架的吊装固定。通常按照间距为 1 000~1 200 mm 布置主龙骨，并与已经固定好的吊杆间距一致。连接时，先将主龙骨搁置在沿墙龙骨上，调平主龙骨，然后与吊杆连接并与沿墙龙骨钉接或用木楔将主龙骨与墙体楔紧。

然后，进行次龙骨架的吊装固定。次龙骨是采用小木方通过咬口拼接而成的木龙骨网格，其规格、要求及吊装方法与单层木龙骨吊顶相同。将次龙骨吊装至主龙骨底部并调平后，用短木方将主、次龙骨连接牢固。

最后，完成以上工序后，根据施工的流程进行施工项目检查。如发现问题及时进行调整，检查所有项目都没有问题后，才能进行工程验收。

知识链接

木质饰面墙面

木质墙面造型结构与木质天花吊顶的结构基本相似，其施工工艺是在做了防潮处理的基层上固定双向木龙骨，然后在木龙骨的表面铺钉饰面板，最后做面层修饰处理。

木质饰面墙面的施工过程如下。

（1）在墙体中预埋木砖或预埋铁件。
（2）刷热沥青或粘贴油毡防潮层。
（3）固定木骨架或金属骨架。
（4）在骨架上钉面板。
（5）粘贴各种饰面板。
（6）油漆罩面。

木质饰面板的材料主要由各种面层材料的饰面胶合板组成，如榉木板、柚木板、红胡桃板、黑胡桃板、枫木板等。此外还有辅助用板材，如细木工板、指接板、密度板、刨花板、木线条等。常用饰面板规格有 1 220 mm×2 440 mm，1 220 mm×2 135 mm 等，厚度不等。木质饰面板装修有全高（直到顶棚）、局部（半高墙裙0.9～1.2 m）两种形式。

二、实木地板

1. 施工种类

实木地板有架空、实铺、直铺三种铺设方式（图2-35），可采用双层面层或单层面层铺设。

（1）架空式木地面

架空式木地面在使用过程中要求弹性好，或要求面层与基底距离较大的场合，一般通过地垄墙、砖墩或钢木支架的支撑来架空。其优点是使木地板富有弹性、脚感舒适、隔声、防潮。架空时木龙骨与基层连接应牢固，同时应避免损伤基层中的预埋管线。其缺点是施工较复杂、造价高。

（2）实铺式木地面

实铺式木地面是直接在基层的找平层上固定木格栅，然后将木地板铺钉在木格栅上。这种做

图 2-35 木地板安装

法具有架空式木地面的大部分优点，而且施工较简单，所以实际工程中应用较多。实铺时应注意防腐、防菌。

（3）直铺式木地面

直铺式木地面是直接在基层找平后铺设防潮膜，然后进行地板的拼接铺设。这种做法对找平的要求较高，比较节约时间、人力和物力。

2. 工艺流程

（1）架空式

基层处理→弹线、找平→砌地垄墙→安装木龙骨→防潮处理→安装毛地板→地板安装→踢脚板安装。

（2）实铺式

检验实木地板质量→准备机具→弹线、找平→安装木龙骨→安装毛地板→地板安装→

踢脚板安装收口。

3. 操作工艺

（1）基层清理

清理基层中的灰尘、残浆、垃圾等杂物，对基层的空鼓、麻点、掉皮、起砂、高低偏差等部位进行返修。

（2）测量放线

在基层上按设计规定的格栅间距和基层预埋件弹出"十"字交叉线；依据水平基准线，在四周墙面上弹出地面设计标高线。

（3）钻孔、安装预埋件

在地面上预埋直径 6 mm 的"H"形紧固件或者钻孔，埋入膨胀螺栓或木楔用来固定木龙骨。

（4）安装木龙骨

① 架空式

空铺法的地垄墙高度应根据架空的高度及使用的条件经计算后确定，地垄墙的质量应符合有关验收规范的技术要求，并留出通风孔洞。

在地垄墙上垫放通长的压沿木或垫木。压沿木或垫木应进行防腐处理，并用预埋在地垄墙里的铁丝将其绑扎、拧紧，绑扎间距不超过 300 mm。接头采用平接头，绑扎用的铁丝应分别绑扎在接头两端 150 mm 以内，以防接头松动。

在压沿木表面画出各龙骨的中线，然后将龙骨对准中线摆好，端头离开墙面的缝隙约为 30 mm。木龙骨要与地垄墙垂直，摆放间距一般为 400 mm，并应根据设计要求结合房间的具体尺寸均匀布置。当木龙骨表面不平时，可用垫木或木楔在龙骨底下垫平，并将其钉牢在压沿木上。为防止龙骨活动，应在固定好的木龙骨表面临时钉设木拉条，使之互相拉紧。

龙骨摆正后，在龙骨上按剪刀撑的间距弹线，然后按弹线将剪刀撑钉于龙骨侧面。同一行剪刀撑的表面要对齐顺线、上口齐平。

② 实铺式

木龙骨的断面选择应根据设计要求（一般采用 30 mm × 40 mm 木龙骨），要经过防腐、防水、防火处理。木龙骨宜先从墙的一边开始逐步向对边铺设，铺设数根后应用水平尺找平，要严格控制标高、间距及平整度。木龙骨架双向间距不大于 400 mm，接头应采用平接头，每个接头用双面木夹板每面钉牢，也可以用扁铁双面夹住后钉牢。木龙骨与墙之间留出不小于 30 mm 的缝隙，以利于通风防潮。木龙骨的表面应平直，若表面不平，可用垫板垫平（垫板要与龙骨钉牢），也可刨平。

（5）防潮地膜

龙骨之间的空隙内按设计要求填充防腐材料，填充材料不得高出木龙骨上表面。然后整体铺设地膜，地膜比较理想的厚度是 0.22 mm 以上，此厚度范围的地膜具有抗碱防酸的能力，可延长木地板的使用寿命。

（6）铺钉实木地板面层

实木地板有单层和双层两种。最常见的是单层实木地板，将条形实木地板直接钉牢在木龙骨上，条形板与木龙骨垂直铺设。用 50 mm 的钉子从凹榫边以倾斜方向钉入地板，钉帽砸扁并冲入板内 3～5 mm。企口条板要钉牢、排紧；板端接缝应错开，其端头接缝一般要规律地排在一条直线上。每铺设 600～800 mm 宽应拉线找直，修整板缝宽度不大于 0.5 m。

双层实木地板是在木龙骨上先钉一层毛地板，再钉实木条板。毛地板一般采用较窄的松木或杉木条板，毛地板使用前必须做防腐处理。板之间的缝隙不大于 3 mm，距离墙面大约 10 mm。毛地板用铁钉与龙骨钉紧，宜选用长度为板厚 2～2.5 倍的铁钉。每块毛地板应在每根龙骨上各钉两个钉子固定，钉帽应砸扁并冲入毛地板内 2 mm。毛地板的接头必须设在龙骨中线上，表面要调平。

还有一种拼花木地板，是在毛地板上进行拼花铺设的。铺钉前应根据设计要求的图案进行弹线，一般有正方形、斜方格形、"人"字形等。

（7）安装踢脚板

实木地板安装完毕后即可安装踢脚板。踢脚板的厚度应以能压住实木地板与墙面的缝隙为准，通常厚度为 15 mm，以铁钉固定（图 2-36）。踢脚板背面开成凹槽，以防翘曲，并每隔 1 m 钻直径 6 mm 的通风孔。在墙上每隔 750 mm 设防腐木砖或在墙上钻孔打入防腐木砖，把踢脚板用钉子钉牢在防腐木砖上，钉帽砸扁并冲入木板内。踢脚板板面应垂直，上口应水平。踢脚板的阴（阳）角交接处应切割成 45°拼装，踢脚板接头也应固定在防腐木块上。

（8）收口

收口有两种方法：一种是采用地板厂商提供的压条，可以放在收口处；第二种方法是采用过门石跟地板平面相接，只留小缝隙，不做压条。

图 2-36　安装踢脚板

知识链接

实木地板施工工艺质量要求

（1）木地板材料的品种、规格、图案、颜色和性能应符合设计要求。

（2）木地板工程的基层板铺设应牢固、不松动。

（3）木格栅的截面尺寸、间距和固定方法等应符合设计要求。木格栅在固定时，不得损坏基层和预埋管线。

（4）木地板的铺贴位置、图案排布应符合设计要求。

（5）木地板表面应洁净、平整光滑，无刨痕、污物、飞边、戗槎等缺陷。划痕每处长度不应大于 10 mm，同一房间累计长度不应大于 300 mm。

（6）木地板面层应打蜡均匀、光滑明亮、纹理清晰、色泽一致，且表面不应有裂纹、损伤等现象。

（7）木地板板面的铺设方向应正确，条形木地板宜顺光方向铺设。

（8）地板面层接缝应严密、平直、光滑、均匀，接头位置应错开，表面应洁净。拼花地板面层板面的排列及镶边宽度应符合设计要求，周边应一致。

（9）踢脚板表面应光滑，高度及出墙厚度应一致；地板与踢脚板的交接应紧密，缝隙应顺直。

（10）地板与墙面或地面突出物周围的套割应匹配，边缘应整齐。

三、复合木地板

复合木地板的操作工艺如下。

1. 基层处理

地板的基层要求具有一定强度。基层表面必须平整干燥，无凹坑、麻面、裂缝，要清洁干净，高低不平处应用聚合物水泥砂浆填嵌平整。低层地坪，要进行防水处理。门与地面的间隙应满足铺装要求（不足则略刨去门边）。

2. 试铺（不涂建筑胶）

试铺时先铺地板防潮垫。第一块板两边凹槽要面对两面墙，边与两面墙之间应留 1.5 cm 空隙（可以在板与墙之间填 1.5 cm 宽的木块），随后按设计要求榫槽相接铺第一行。第一行木块板在锯切时，要根据现场实际留下的尺寸，并考虑榫槽连接和离墙 1.5 cm 两个因素来确定锯切尺寸。锯切时，如果另一截尺寸大于 30 cm，可用作下一行的首块。板的端头缝应错开 30 cm 以上。试铺两行后，试铺完毕，拆开相接的榫槽准备正式铺装。

3. 正式铺装

正式铺装时，榫和槽之间用建筑胶把板与板粘连起来，最后整间地板将成为一个整体。涂建筑胶时不得漏涂。为使板缝相互贴紧，每块刚装上去的板都应以专用木块加以衬垫，用小铁锤轻敲，随手用湿布抹净挤出的建筑胶。通常，根据需要如果要将地板局部锯掉，所锯尺寸要根据现场实际情况，考虑榫槽连接和离墙 1.5 cm 两个因素。施工中，遇到柱脚、管道等，应在该处的地板开口，开口要与柱、管保持 1 cm 的间隙。

4. 铺后处理

铺装完的地板，间隔 24 小时且建筑胶完全干燥后，拔掉四周的木楔。地板与墙脚间有一圈 1.5 cm 的空隙，绝不能用杂物填塞，应该用踢脚板遮盖。踢脚板应是固定在墙上而不是粘在地板上。地板某些部位的边口有暴露的（如在门口边），应该用专用压条保护边口，压条与边口之间也应留 1.5 cm 的空隙。施工面积过大，如长度大于 10 m，应该用专用压条将地板分仓，同样也要使两边地板在压条下各有 1.5 cm 的边口空隙。

> **知识链接**
>
> **复合木地板施工工艺质量要求**
>
> （1）复合木地板材料的品种、规格、图案、颜色和性能应符合设计要求。
> （2）木地板的铺贴位置、图案排布应符合设计要求。
> （3）木地板板面的铺设方向应正确，条形木地板宜顺光方向铺设。
> （4）地板面层接缝应严密、平直、光滑、均匀，接头位置应错开，表面应洁净。拼花地板面层板面的排列及镶边宽度应符合设计要求，周边应一致。
> （5）踢脚板表面应光滑，高度及出墙厚度应一致；地板与踢脚板的交接应紧密，缝隙应顺直。
> （6）地板与墙面或地面突出物周围的套割应匹配，边缘应整齐。

> **思政链接**
>
> 建筑设计类专业的学生应结合本课程的内容，关注现今相关建筑行业的施工操作过程，最新的施工方式及环境保护案例，提高实际施工过程中处理问题的能力，培养爱国主义精神、科学精神以及对国家和社会的责任感和使命感。

课后习题

一、填空题

1. 木材按照树木种类可分为针叶树和_____两大类。
2. 根据接缝不同，实木地板可分为平口地板、_____和企口地板。
3. 木龙骨吊顶由吊杆、承载龙骨、_____和面板组成。
4. 细木工板是一种特殊的夹芯胶合板，是目前装饰中最常使用的板材之一，一般是配合装饰面板、防火板等面材使用，一般为_____层结构。

二、判断题

（   ）1. 龙骨之间的空隙内按设计要求填充防腐材料，填充材料需要略高出木龙骨上表面。

（   ）2. 木材细胞因功能不同可分为管胞、导管、木纤维、髓线等多种。

（   ）3. 防腐木是经过防腐工艺处理的天然木材，经常被运用在建筑与景观环境设施中，体现了亲近自然、绿色环保的理念。

（   ）4. 纸面石膏板是以建筑石膏为主要原料，掺入适量添加剂与纤维做板芯，以特制的板纸为护面，经加工制成的板材。

项目三

涂料装饰材料与施工工艺

📍 项目概述

涂料是一类可以应用于物体表面,能在物体表面形成并牢固附着的连续固态薄膜的物料总称;可以经过刷涂、轮涂、喷涂、抹涂、弹涂等不同的施工工艺涂覆在建筑物内墙、外墙、顶棚、地面、卫生间等构件表面。这样形成的膜通称涂膜,又称为漆膜或涂层。目前,在具体的涂料品种命名时常用"漆"字表示"涂料"。

📍 学习目标

👤 知识目标
(1)了解涂料装饰材料的种类与功能。
(2)了解涂料装饰材料的施工工艺。

👤 能力目标
(1)能够根据装饰风格选择和搭配涂料装饰材料。
(2)具备墙体刮瓷施工的能力。

👤 素质目标
(1)调研涂料装饰材料的市场情况。
(2)了解涂料装饰材料的行业发展情况。

📍 思政目标

(1)关注环保问题,强调绿色生活、资源节约,以及对生态平衡的尊重。
(2)培育学生辩证的科学观和自然观。

📍 任务工单

一、任务名称
清漆涂刷小木凳。

二、任务描述
全班同学以分组的形式,用清漆涂刷事先准备的原色小木凳。在任务准备的过程中完成表3-1的填写。

表3-1 实训表(一)

姓名		班级		学号	
学时		日期		实践地点	
实训工具	原色小木凳、刷子、刮刀、砂纸、腻子粉、色油粉、小油桶、牛角板等					

三、任务目的

巩固涂料装饰材料施工工艺基础知识,熟悉清漆施工工艺实施流程,在实践中为未来的工作积累经验。

四、分组讨论

全班学生以3~6人为一组,选出各组的组长,组长对组员进行任务分工并将分工情况记入表3-2中。

表3-2 实训表(二)

成员	任务
组长	
组员	
组员	
组员	
组员	
组员	

五、任务思考

(1)清漆施工工程的质量标准有哪些?

(2)刷第一遍清漆时有哪些注意事项?

六、任务实施

在任务实施过程中,将遇到的问题和解决办法记录在表3-3中。

表3-3 实训表(三)

序号	遇到的问题	解决办法
1		
2		
3		

七、任务评价

请各小组选出一名代表展示任务实施的成果,并配合指导教师完成表3-4的任务评价。

表 3-4　实训表（四）

评价项目	评价内容	分值	评价分值		
			自评	互评	师评
职业素养考核项目	考勤、纪律意识	10 分			
	团队交流与合作意识	10 分			
	参与主动性	10 分			
专业能力考核项目	积极参与教学活动并正确理解任务要求	10 分			
	认真查找与任务相关的资料	10 分			
	任务实施过程记录表的完成度	10 分			
	对清漆施工工艺实施流程的掌握程度	20 分			
	独立完成相应任务的程度	20 分			
合计：综合分数____自评（20%）+互评（20%）+师评（60%）		100 分			
综合评价			教师签名		

任务一　认识涂料装饰材料

认识涂料装饰材料

涂料是指涂覆在被保护或被装饰的物体表面，并能与被涂物形成牢固附着的连续薄膜，从而对物体起到装饰、保护，或使物体具有某种特殊功能（如绝缘、防腐、标识等）的材料。涂料的一般组成包含成膜物质、颜填料、溶剂、助剂。

因为早期涂料以天然植物油脂、天然树脂（如亚麻子油、桐油、松香等）为主要原料，因此涂料在过去被称为油漆。随着石油化工工业的发展，合成树脂代替天然植物油及天然树脂，并使用人工合成有机溶剂为稀释剂，有的甚至用水作为稀释剂，续称之为油漆就不太合适，因此改称为涂料。

涂覆于建筑物、装饰建筑物或保护建筑物的涂料，统称为建筑涂料。

一、建筑装饰涂料的功能

从建筑涂料的定义上，可以将建筑涂料的功能分为以下几种。

1. 装饰功能

装饰功能是通过对建筑物的美化来提高它的外观价值的功能的，主要包括平面色彩、图案及光泽方面的构思设计及立体花纹的构思设计。但要与建筑物本身的造型和基材本身的大小和形状相配合，才能充分地发挥出来（图 3-1）。

2. 保护功能

因为建筑物暴露在自然界中，外立面长期在阳光、大气、温度等作用下会产生风化等破坏现象。建筑装饰涂料的保护功能就是指保护建筑物不受外界环境的影响和破坏,延长建筑物的使用年限(图3-2)。

由于建筑物的使用材料、使用性质以及所处地域环境不同,对于需要保护的内容也各不相同。木质建筑必须使用防火、防水外墙涂料;钢结构建筑需要使用耐腐蚀的外墙涂料;有的建筑物(如民用住宅)要求使用保温隔热的建筑涂料;有的建筑物(如计算机房、医院)则需要使用防霉、防尘功能的外墙涂料等。

图 3-1 涂料装饰功能

图 3-2 涂料保护功能

3. 标识功能

标识作用是利用色彩的明度和反差强烈的特性,引起人们的警觉,因此在一些特殊的建筑里,需要使用建筑涂料来达到这一标识作用,让人们看到这个建筑就能知道这个建筑的功能(图3-3)。如邮局使用绿色标识,疏散标识使用大红色标识等。

4. 居住性改进功能

居住性改进功能主要是对室内涂装而言,就是有助于改进居住环境的功能,如隔音性、吸音性、防霉以及耐污性涂料的使用等。

图 3-3 涂料标识功能

知识链接

涂料的分类

(1)按照涂饰部位的不同,涂料主要分为墙漆、木器漆和金属漆。墙漆包括内墙漆、外墙漆和顶面漆,它们主要是乳胶漆。木器漆主要有硝基漆、聚氨酯漆等。金属漆主要是磁漆。

(2)按状态的不同,涂料可分为水性漆和油性漆。乳胶漆是主要的水性漆,而硝基漆、聚氨酯漆等多属于油性漆。

(3)按功能的不同,涂料可分为防水漆、防火漆、防霉漆、防虫漆,及具有多种功能的多功能漆等。

（4）按作用形态的不同，涂料可分为挥发性漆和不挥发性漆。
（5）按表面效果的不同，涂料可分为透明漆、半透明漆、不透明漆。

二、常用的装饰涂料

1. 内墙漆

内墙漆是以高分子的乳液为成膜物质的一种涂料，以合成树脂乳液为基料加入不同颜料、不同填料及各种助剂配制而成的一类水性涂料。其主要可分为水溶性漆和乳胶漆。内墙乳胶漆是室内墙面、顶棚的主要装饰材料之一。它的特点是装饰效果好，施工更加方便，对环境的污染小，成本较低，应用广泛。

一般装饰施工工艺中采用的是乳胶漆。乳胶漆即乳液性涂料，按照基材的不同，分为醋酸乙烯乳胶漆和丙烯酸乳胶漆两大类。

（1）内墙乳胶漆的分类

① 醋酸乙烯乳胶漆

醋酸乙烯乳胶漆是由醋酸乙烯均聚乳液加入不同的颜料、不同的填料及各种助剂，经研磨或分散等工艺处理而制成的一种乳液涂料。该涂料具有无毒、不燃、涂膜细腻、平滑、透气性好、价格适中等优点。但它的耐水性、耐碱性及耐候性不及其他共聚乳液，故适宜涂刷装饰工程的内墙，而不宜作为外墙涂料使用。

② 丙烯酸乳胶漆

丙烯酸乳胶漆一般由丙烯酸乳液，配以不同的颜料、填料、水及各种助剂制得。丙烯酸乳胶漆性能优异并且全面，可调整性好，无有机溶剂释放等优点。它有较高的原始光泽，优良的保光、保色性及户外耐久性，良好的抗污性、耐碱性及擦洗性，可制成有光、亮光、高光等各种内、外用乳胶涂料。丙烯酸乳胶漆成本适中，应用非常广泛，是发展十分迅速的一类涂料产品。通常被用作高档外墙涂料，可调多种颜色，需要哪种颜色都可由厂家调制，可根据整体家居风格定位选购。

亚光漆：该漆无毒、无味，有较高的遮盖力、良好的耐洗刷性、附着力强、耐碱性好；安全环保施工方便，流平性好；适用于工矿企业、机关学校、安居工程、民用住房。

亮光漆：地板漆用得比较多。

丝光漆：涂膜平整光滑、质感细腻、具有丝绸光泽、高遮盖力、强附着力、极佳的抗菌及防霉性能，优良的耐水耐碱性能，涂膜可洗刷，光泽持久；适用于医院、学校、宾馆、饭店、住宅楼、写字楼、民用住宅等。

有光漆：色泽纯正、光泽柔和、漆膜坚韧、附着力强、干燥快、防霉耐水，耐候性好、遮盖力高，是各种内墙漆的首选。

高光漆：具有超高的遮盖力，坚固美观，光亮如瓷，有很高的附着力，高防霉抗菌性能，耐洗刷、涂膜耐久且不易剥落，坚韧牢固；是高档豪华宾馆、寺庙、公寓、住宅楼、写字楼等的理想内墙装饰材料。

（2）内墙漆的特点

①色彩感丰富，质感细腻

内墙的装饰效果主要由质感、线条和色彩三个因素构成（图3-4）。内墙涂料的颜色一般应突出浅淡和明亮，因为消费者对颜色的喜爱不同，所以建筑内墙的涂料色彩也非常丰富。

图3-4　内墙漆的使用

②耐碱性、耐水性、耐粉化性良好，且透气性好

由于墙面基层是碱性的，因而涂料的耐碱性要好。室内湿度一般比室外要高，同时为了清洁方便，要求涂层有一定的耐水性及刷洗性。透气性不好的墙面材料易结露或挂水，使人产生不适感，因而内墙涂料应有一定的透气性。

③环保

内墙漆基本是由水、颜料、乳液、填充剂和各种助剂组成的，这些原材料均不含毒性，符合当今环保、时尚的装饰施工工艺理念。

2. 硅藻泥

硅藻泥是以一种生活在海洋、湖泊中的藻类经过亿万年形成的硅藻矿物（硅藻土）为主要原料的内墙环保装饰材料。它具有环保、美观、大量喷水后不花色，不流泥，用手掌轻按，就形成有天然泥的效果。该材料具有遇火不燃、遇水吸收、无味无害、降噪吸声、隔热保温、色彩柔和等优点。

硅藻泥适合用在家装（如客厅、卧室、书房、婴儿房、顶棚）、幼儿园、医院、疗养院、主题俱乐部、高档饭店、度假酒店、写字楼、餐厅等的装饰中，根据工艺及品

图3-5　硅藻泥的使用

质的不同，其价格也会有所不同（图3-5）。

3. 外墙漆

外墙漆基本的性能与内墙漆差不多。但外墙漆涂刷在建筑物外表面，对于抗紫外线照射有很高的要求和指标（图3-6）。它必须经受长时间阳光照射而不褪色，漆膜较硬，抗水能力要更强，也可用于洗手间等潮湿的地方。外墙乳胶漆可以内用，但不要尝试将内墙乳胶漆外用。

图3-6 外墙漆的使用效果

（1）外墙漆的种类

外墙涂料的种类很多，可以分为强力抗酸碱外墙涂料、纯丙烯酸弹性外墙涂料、有机硅自洁弹性外墙涂料、高级丙烯酸外墙涂料、氟碳涂料、低碳系列涂料等。

（2）外墙漆的性能要求

① 装饰性能好

外墙涂料色彩丰富多样，保色性好，能较长时间保持良好的装饰性。

② 耐水性好

外墙面暴露在大气中，经常受到雨水的冲刷，因而作为外墙涂料更应具有很好的耐水性。某些防水型外墙涂料的抗水性能更佳，当基层墙面发生小裂缝时，涂层仍有防水的功能，也很容易对其进行清洗。

③ 耐污损性好

大气中的灰尘及其他物质污损涂层后，涂层会失去其装饰效能，因而要求外墙装饰层不易被这些物质污损或污损后容易清除。

④ 耐候性好

暴露在大气中的涂层，要经受日光、雨水、风沙、冷热变化的作用。在这类因素反复作用下，一般的涂层会发生开裂、剥落、脱粉、变色等现象，使涂层失去原有的装饰和保护功能。作为外墙装饰的涂层要求在规定的年限内不发生上述破坏现象，即有良好的耐候性。此外，外墙涂料应施工及维修方便、价格合理等。

⑤ 耐霉变性好

外墙涂料饰面在潮湿环境中易长霉。因此，要求涂膜具有抑制霉菌和藻类繁殖生长的功能。

⑥ 弹性要求高

裸露在外的涂料，受气候、地质等因素影响严重，外墙涂料应具有一定弹性，防止出现裂缝现象。

> 知识链接

合成树脂乳液外墙涂料的技术指标

合成树脂乳液外墙涂料的技术指标见表 3-5。

表 3-5　合成树脂乳液外墙涂料的技术指标

项目	指示		
	优等品	一等品	合格品
容器中状态	无硬块，搅拌后呈均匀状态		
施工性	涂刷两道无障碍		
低温稳定性	不变质		
干燥时间（表干）（小时）	≤ 2		
涂膜外观	正常		
对比率（白色和浅色）	≥ 0.93	≥ 0.90	≥ 0.87
耐水性	96 小时无异常		
耐碱性	48 小时无异常		
耐洗刷性（次）	≥ 200	≥ 1 000	≥ 500

4. 木器漆

根据溶水性的不同，木器漆可分为水性漆和油性漆（简称涂饰）；根据使用层次，木器漆可分为底漆和面漆；根据光泽，木器漆可分为高光、半亚光、亚光；按其用途，木器漆可分为家具漆、地板漆；根据性质，木器漆可分为单组分、双组分和三组分等。

下面从水性漆和油性漆两个方面介绍木器漆。

（1）水性漆

水性漆的分类如下。

① 以丙烯酸为主要成分的水性木器漆

这种水性漆采用丙烯酸乳液为主要成分，适宜做水性木器底漆、亚光面漆。该产品主要特点是附着力好，不会加深木器的颜色，让木器保持原有的本色，但耐磨性及抗化学性较差，由于光泽度差所以无法制作高光度的漆，而且硬度也一般、成膜性较差。因其成本较低且技术含量不高，成为市场上的入门级产品（图 3-7）。

图 3-7　水性漆

② 以丙烯酸与聚氨酯的合成物为主要成分的水性木器漆

其产品除了秉承丙烯酸漆的特点外，又增加了耐磨性及抗化学性强的特点（前两类多用于门、窗及家具的涂饰）。这种木器漆兼具了上述两类的优点，成本比较适中，可以自交联也可用于双组分体系,具有硬度好、干燥快、耐磨、耐化学性能好、黄变程度低或不变黄等特性;适合于做亮亚光漆、底漆、户外漆等。

③ 聚氨酯水性木器漆

聚氨酯水性木器漆的耐磨性能可达到油性漆的几倍,为水性漆中的高级产品。其成分包括芳香族和脂肪族聚氨酯分散体。采用脂肪族聚氨酯分散体为主要成分的水性木器漆,产品耐黄变性优异,更适用于户外。它们的成膜性能都较好,自交联光泽较高、耐磨性好、不容易产生气泡和缩孔。但硬度一般,价格较高,适合作为亮光面漆、地板漆等。

④ 采用水性双组分聚氨酯为主要成分的水性木器漆

该产品是采用双组分,其中一组分是带—OH 的聚氨酯水性分散体;另一组分是水性固化剂,主要是脂肪族的。此两组分通过混合施工,产生交联反应,可以显著提高水性木器漆的耐水性、硬度、漆膜丰满度、光泽度,综合性能较好,具有较高的抗黄变性能,尤其适合于户外涂装。但是该产品在施工上较为复杂,需要专业人员指导。

> **知识链接**
>
> ## 水性漆的优、缺点
>
> (1) 水溶性涂料,无毒环保,不含苯类等有害溶剂,对降低污染,节省资源效果显著,附着力强。
>
> (2) 施工简单方便,不易出现气泡、颗粒等油性漆常见毛病,且漆膜手感好。
>
> (3) 固体含量高,漆膜丰满。
>
> (4) 不黄变,耐水性、耐腐蚀性优良,耐盐雾性最高,并且不燃烧。
>
> (5) 可与乳胶漆等其他涂饰同时施工。
>
> (6) 部分水性漆的硬度不高,容易出现划痕,这一点在选择时要特别注意。

(2) 油性漆

① 油性漆的分类

大漆又称天然漆,有生、熟漆之分。生漆有毒,漆膜粗糙,很少直接使用,经加工成熟漆或改性后制成各种精制漆。熟漆适于在潮湿环境中干燥,所生成漆膜光泽好、坚韧、稳定性高、耐酸性强,但干燥速度慢。经改性的快干推光漆、提光漆等毒性低、漆膜坚韧,可喷可刷,使用方便,耐酸、耐水、耐腐蚀,适于高级涂装(图 3-8)。

清油又名熟油、调漆油。可作为原漆和防锈漆调配时使用的油料,也可单独使用。有的清油(调薄厚漆与红丹)可单独涂于木材或金属,防锈防腐,有的可加入适量颜料可配成带色清油。

厚漆又称铅油。它是由颜料与土性油混合研磨而成的,需要加油、溶剂等稀释后才能使用,被广泛用于面层的打底,也可单独作为面层涂饰。厚漆

图 3-8 油性漆

适用于要求不高的建筑物及木质打底漆，水管接头的填充材料。

调合漆又称调和漆。它是最常用的一种涂饰。质地较软、均匀，稀稠适度，耐腐蚀，耐晒，长久不裂，遮盖力强，耐久性好，施工方便。它分油性调和漆和磁性调和漆两种，后者现名多丹调和漆。在室内适宜于磁性调和漆，这种调和漆比油性调和漆好，漆膜较硬，光亮平滑，但耐候性较油性调和漆差。

清漆又分为油基清漆和树脂清漆两大类，前者俗称"凡立水"，后者俗称"泡立水"，是一种不含颜料的透明涂料。树脂清漆采用的树脂主要是聚酯树脂、聚氨酯、丙烯酸树脂等。

磁漆是以清漆为基料，加入颜料研磨制成的，涂层干燥后呈磁光色彩而涂膜坚硬，常用的有酚醛磁漆和醇酸磁漆两类，适合于金属窗纱网格等。

防锈漆有锌黄、铁红环氧树脂底漆，漆膜坚韧耐久，附着力好，若与乙烯磷化底漆配合使用，可提高耐热性，抗盐雾性，适用沿海地区及温热带的金属材料打底。

② 油性漆的优、缺点

油性漆的优点是易于生产、价格低、涂刷性好、涂膜柔韧，渗透性好。缺点是干燥慢，涂膜物化性能较差。油性漆现大多已被性能优良的合成树脂漆所取代。

知识链接

油性漆与水性漆的区别

1. 环保性

从环保的角度来看，水性漆较油性漆（溶剂型木器漆）有天然的优势。理论上说，VOC含量越低环保性越高，但VOC的低含量对油性漆的耐磨性、硬度、抗划伤性都有影响，上述指标也一直是水性漆在技术上需要攻克的问题。如何做到既环保又高质量，是当下各大涂料生产企业技术攻关的焦点问题。

2. 性价比

水性漆在干燥时间、硬度、饱满度等性能上的技术要求比较高，制造工艺相对复杂，并且需要大型的生产设备才能生产出性能比较稳定的产品，生产成本相对较高。这也是同等档次的水性漆价格远高于油性漆的原因。据了解，目前市场上的中端产品中，油性漆是每桶300元左右，包括固化剂、稀料、涂饰，共5 kg左右；水性漆是每桶500元左右，每桶18 L。

3. 耐磨度

水性木器漆在硬度、丰满度、耐老化性等装饰效果上远不如油性木器漆，对家居环境要求高的消费者三五年后甚至可能重新装修。由于一般的水性漆耐磨度不高，大部分消费者选择只在墙面部分使用水性漆，门窗家具等经常擦洗的部件则使用油性漆。

总体来说，水性漆除价格稍高以外，无论从施工和环保方面都是不错的选择。

5. 防火涂料

防火涂料是由成膜剂、阻燃剂、发泡剂等多种材料制造而成的一种阻燃涂料（图3-9）。防火漆可以有效延长可燃材料的引燃时间；还可以阻止非可燃结构材料（如钢材）表面温度升高而引起强度急剧丧失，阻止或延缓火焰的蔓延和扩展，为人们争取灭火和疏散的宝贵时间。

根据防火原理，防火漆可分为非膨胀型和膨胀型两种。非膨胀型防火漆由不燃性或难燃性合成树脂、难燃剂和防火填料组成，其涂层不易燃烧。膨胀型防火漆在上述配方基础上加入成碳剂、脱水成碳催化剂、发泡剂等成分制成。在高温和火焰作用下，这些成分迅速膨胀形成比原涂料厚几十倍的泡沫状碳化层，从而阻止高温对基材的传导作用，使基材表面温度降低。

图3-9 防火涂料

知识链接

涂饰工程工具分类

涂饰工程机具包括以下几类。

1. 机具类

机具类包括操作架子、手动打磨机、地面抹平机、手压泵、空气压缩机、高压无气喷涂机（含配套设备）、手持式电动搅拌器、电动弹涂器及配套设备等。

2. 工具类

工具类包括油刷、腻子槽、排笔、棕刷、开刀、牛角板、辊筒、带齿镘刀、砂纸、腻子托板、油刷（图3-10）、油画笔、毛笔、砂布、腻子板、塑料抹子、钢皮刮板、油桶、水桶、大浆桶、小浆桶、油勺、擦布、棉丝、小锤子、小色碟、喷斗、喷枪、高压胶管、长毛绒辊、压花辊、印花辊、硬质塑料、橡胶辊、不锈钢抹子、托灰板、铜丝箩、纱箩、高凳、脚手板、安全带、钢丝钳子、指套、砂纸、砂布、小铁锹、小笤帚等。

图3-10 油刷

任务二　涂料装饰材料施工工艺

一、乳胶漆施工工艺

乳胶漆的施工环境通常为施工当地的气象条件，环境会影响涂料成膜的质量。具体来说，内墙乳胶涂料施工和保养的温度应高于 5 ℃，湿度应低于 85%，以保证成膜良好。一般内墙涂料的保养时间为 7 天（25 ℃），遇低温应适当延长。室内要保证良好的通风，避免在灰尘大的环境中施工。

1. 墙体刮瓷

（1）基层处理

将墙面等基层上起皮、松动及鼓包等部位清除凿平，将残留在基层表面上的灰尘、污垢、溅沫和砂浆流痕等杂物清除扫净。对砂浆基层，要仔细检查是否存在空鼓及裂缝现象，然后用 1∶0.5∶3 水泥石灰膏砂浆分遍抹平。基层含水率要求在 8% 以下，如无条件测试可用手进行估测，潮气太大不能施工，必须待干后方可施工；对墙面的阴阳角、窗洞口的收口部位特别是阴阳角检查完成后要进行交接验收；进行作业的所有门窗等采用塑料布以及其他方式进行防护，避免污染。

（2）修补腻子，砂纸磨平

用水石膏将墙面基层上磕碰的坑凹、缝隙、损处、麻面、风裂、接槎缝隙等分别找平补好，干燥后用砂纸将凸出处磨平。

（3）第一遍满刮腻子，砂纸磨平

刮腻子遍数可由墙面平整程度决定，一般情况为三遍。第一遍腻子用胶皮刮板横向满刮，一刮板紧接一刮板，接头处不得留槎；每一刮板最后收头时，要注意收得干净利落，并且将阴阳角处修整方正。干燥后用 1 号砂纸打磨平整，将浮腻子及斑迹磨平磨光，再将墙面清扫干净。

（4）第二遍满刮腻子，砂纸磨平

第二遍腻子用胶皮刮板竖向满刮，修整墙面的垂直度和平整度。腻子干燥后，找补阴阳角及凹坑处，令阴阳角顺直，用 1 号砂纸磨将浮腻子及斑迹磨平磨光；最后用胶皮刮板横向满刮，再将墙面扫干净。

（5）第三遍满刮腻子，砂纸磨平

第三遍腻子大面积用钢片刮板满刮腻子（图 3-11），墙面等基层部位刮平刮光干燥后，用细砂纸磨平磨光。注意不要漏磨或将腻子磨穿，阴角要直，阳角要方，墙面、顶棚要刮平刮光。

图 3-11　刮腻子

由于乳胶漆膜干燥较快，应连续迅速操作，涂刷时从一头开始，逐渐刷向另一头，要上下互相衔接，后一排笔紧接前一排笔，避免出现干燥后接头。

（6）检查验收

这是指对完成后的墙面涂料进行的检查，重点阴阳角及门窗口无误后报验收（表3-6）。

表 3-6 薄涂工程检验

项次	项目		质量标准	检验方法
1	掉粉、起皮		不允许	观察、手摸检查
2	返碱、咬色		不允许	观察检查
3	漏刷、透底	合格	无明显透底	观察检查
		优良	不允许	
4	流坠、疙瘩	合格	明显处无流坠、疙瘩	观察、手摸检查
		优良	无	
5	颜色、刷纹	合格	颜色一致，砂眼、刷纹不明显	观察检查
		优良	颜色一致，无砂眼、刷纹	
6	装饰线分色线平直	合格	偏差不大于 2 mm	拉 5 m 线（不足 5 m 拉通线用尺量检查）
		优良	偏差不大于 1 mm	
7	门窗、玻璃灯具等	合格	门窗洁净，玻璃、灯具基本洁净	观察检查
		优良	全部洁净	

2. 涂刷乳胶漆

在做好满刮腻子三遍找平后，需进行乳胶漆涂刷，流程如下。

（1）第一遍乳胶漆

乳胶漆的施涂顺序是先刷顶棚后刷墙面，刷墙面时应先上后下。先将墙面清扫干净，再用布将墙面粉尘擦净。乳液薄涂料一般用排笔涂刷，使用新排笔时，注意将活动的排笔毛理掉。乳液薄涂料使用前应搅拌均匀，适当加水稀释，防止头遍涂料施涂不开。干燥后复补腻子，待复补腻子干燥后用砂纸磨光，并清扫干净（图3-12）。

（2）第二遍乳胶漆

操作要求同第一遍，使用前要充分搅拌涂料，如不太稠，不宜加水或尽量少加水。以防露底。漆膜干燥后，用细砂纸将墙面小疙瘩和排笔毛打磨掉，磨光滑后清扫干净。

图 3-12 乳胶漆施工

完成上述施工流程后进行施工项目检查。如发现问题及时进行调整。检查所有项目都没有问题后才能进行工程验收。

二、清漆施工工艺

清漆施工工艺实施流程如下。

1. 基层处理

首先将需要处理的木质材料基层面上的灰尘、油污、斑点、污迹、胶迹等用刮刀或碎玻璃片清除干净。注意不要刮破抹灰墙面，也不要刮出毛刺。然后用1～1.5号的砂纸顺木纹细细打磨，先磨线角，后磨四口平面，砂纸打磨既要打磨光滑又不能磨穿油底、磨损棱角。有些木质基层有小块活翘皮时，可用小刀撕掉。表面上的缝隙、节疤和脂囊修整后用腻子填补。重皮的地方应用小钉子钉牢固，如重皮较大或有烤糊印疤，应由木工修补（图3-13）。

图3-13 基层处理

2. 润色油粉

用质量比为熟桐油2，松香水16，大白粉24等混合搅拌成色油粉（颜色同样板颜色），盛在小油桶内。用棉丝蘸油粉反复涂于木料表面，擦过木料鬃眼内，而后用麻布或棉丝擦净，线角应用竹片除去余粉。要注意墙面及五金上不得沾染油粉。待油粉干后，用1号砂纸轻轻顺木纹打磨，先磨线角、裁口，后磨四口平面，直到光滑为止。注意保护棱角，不要将鬃眼内油粉磨掉。磨光后用潮湿的布将磨下的粉末、灰尘擦净。

3. 满刮油腻子

抹腻子的质量配合比为石膏粉20，熟桐油7，水50，并加颜料调成油色腻子（颜色浅于样板1～2色）。要注意腻子油性不可过大或过小，如油性大，刷时不易浸入木质；如油性小，则易浸入木质，油色不易均匀，颜色不能一致。用开刀或牛角板将腻子刮入钉孔、裂纹、鬃眼。刮抹时要横抹竖起，如遇接缝或节疤较大时，应用开刀、牛角板将腻子挤入缝内，然后抹平。腻子一定要刮光，不留腻子。待腻子干透后，用1号砂纸轻轻顺木纹打磨，先磨线角、裁口，后磨四口平面，注意保护棱角，来回打磨至光滑为止。磨完用潮湿的布将磨下的粉末擦净。

4. 刷色油

刷色油前，先将铅油（或调和漆）、汽油、光油、清油等混合在一起过箩（颜色同样板颜色），然后倒入小油桶，使用时经常搅拌，以免沉淀造成颜色不一致。刷色油时，应从外至内，从左至右，从上至下进行，顺着木纹涂刷。刷门窗框时不得污染墙面，刷到接头处要轻柔,达到颜色一致即可(图 3-14)。

因色油干燥较快,所以刷色油时动作应敏捷,要求横平竖直,避免刷出绺。刷木门时,先刷亮子后刷门框、门扇背面,刷完后用木楔将门扇固定,最后刷门扇正面;全部刷好后,检查是否有漏刷,小五金上沾染的油色要及时擦净。

图 3-14 刷色油

色油涂刷后,要求木材色泽一致,而又不盖住木纹,所以每一个刷面一定要一次刷好,不留接头,两个刷面交接处不要互相沾油,沾油后要及时擦掉,达到颜色一致。

5. 刷第一遍清漆

(1)刷清漆

刷法与刷色油相同,应加入一定量的稀料稀释漆液,以便于漆膜快干。因清漆黏性较大,最好使用已用出刷口的旧刷子,操作时顺木纹涂刷,刷时要注意不流不坠,涂刷均匀。待清漆完全干透后,用 1~1.5 号或旧砂纸将漆膜上的光亮部彻底打磨一遍,磨后用潮湿的布或棉丝擦净,以便增加与后漆的粘结强度。

(2)修补腻子

一般要求刷油色后不抹腻子,特殊情况下,可以使用油性略大的带色石膏腻子。修补残缺不全之处,操作时必须使用牛角板刮抹,不得损伤漆膜,腻子要收刮干净,光滑无腻子疤(有腻子疤必须点漆片处理)。

(3)修色

木料表面上的黑斑、节疤、腻子疤和材色不一致处,应用漆片、酒精加色调配(颜色同样板颜色),或由浅到深用清漆调和漆和稀释剂调配,进行修色;材色深的应修浅,浅的提深,将深浅色的木料拼成一色,并绘出木纹。

(4)磨砂纸

使用细砂纸轻轻打磨(图 3-15),然后用潮湿的布擦净粉末。

图 3-15 使用磨砂纸打磨

6. 刷第二遍清漆

应使用原桶清漆不加稀释剂,刷油操作同前,但刷油动作要敏捷,多刷多理。清漆涂刷得饱满一致,不流不坠,光亮均匀,刷完后再仔细检查一遍,有毛病要及时纠正。刷此遍清漆时,周围环境要整洁,宜暂时禁止通行。

7. 刷第三遍清漆

待第二遍清漆干透后,首先要进行磨光,然后用潮湿的布擦干净,最后刷第三遍清漆;

刷法同前。

完成如上程序之后，进行施工检查。如发现问题及时进行调整。检查无误后进行工程验收（表3-7）。

表3-7 工程质量标准

项次	项目		质量标准	检验方法
1	漏刷、脱皮、斑迹		不允许	观察检查
2	裹棱、流坠、皱皮	合格	大面无，小面明显处无	观察检查
		优良	无	
3	颜色、刷纹	合格	颜色一致，刷纹大面无，小面明显处无	观察检查
		优良	颜色一致，无刷纹	
4	木纹	合格	鬃眼刮平，木纹清楚	观察检查
		优良	鬃眼刮平，木纹较清楚	
5	光亮、光滑	合格	光亮均匀，光滑无挡手感	观察、手摸检查
		优良	光亮柔和，光滑无挡手感	
6	装饰线颜色、木纹	合格	装饰线颜色均匀，木纹清楚	观察检查
		优良	装饰线颜色均匀一致，木纹清晰，洁净无积油	
7	门窗、五金玻璃等	合格	门窗洁净，五金无污染，玻璃等基本洁净	观察检查
		优良	全部洁净	

知识链接

清漆涂饰应注意的问题

1. 漏刷

漏刷问题一般多发生在门的上、下冒头和靠合页小面以及门框、压缝条的上、下端部和衣柜门框的内侧等。其主要原因是内门扇安装时油工与木工不配合，故往往下冒头未刷涂饰就把门扇安装了，管理不到位，往往有少刷一遍油的现象。其他漏刷问题主要是操作者不认真所致。

2. 缺腻子、缺砂纸

这种问题一般多发生在合页槽、上中下冒头、榫头和钉孔、裂缝、节疤以及边棱残缺处等。主要原因是操作未认真按照工艺规程去操作。

3. 流坠、裹棱

流坠、裹棱产生的主要原因有两个：一是由于漆料太稀、漆膜太厚或环境温度高，涂饰干燥慢等都易造成流坠、裹棱；二是由于操作顺序和手法不当，尤其是门边棱分色处，如一旦油量大和操作不注意就往往造成流坠、裹棱。

4. 刷纹明显

刷纹明显主要是由油刷子小或油刷未泡开，刷毛发硬所致。应用合适的刷子并把油刷用稀料泡软后使用。

5. 粗糙

粗糙主要原因是基层不干净，涂饰内有杂质或尘土飞扬时施工，造成涂饰表面发生粗糙现象。应注意用湿布擦净，涂料要过箩，严禁刷油时清扫或刮大风时刷油。

6. 皱皮

皱皮主要是由漆质不好、兑配不均匀、溶剂挥发快或催干剂过多等原因造成。

7. 五金污染

防止五金污染除了操作要细，还宜将拉手、门锁、插销等五金件漆后再装（但要事先把位置和门锁孔眼钻好），确保五金件洁净美观。

三、天然真石漆施工工艺

1. 施工准备

（1）主要材料封闭底漆、水泥、天然真石漆、胶带、面漆、建筑胶、稀释剂、砂布。

（2）主要机具空气压缩机、喷枪、手提式搅拌器、简易水平器、刷子等。

2. 作业条件

（1）门窗按设计要求安装好，并密封洞口四周的缝隙。

（2）对基层的要求：基层抹灰验收合格，且墙面的湿度<10%；完成雨水管卡、设备、洞口、管道的安装，并将洞口四周用水泥砂浆抹平。

（3）要求现场提供 380 V 和 220 V 电源。

（4）所有的成品门窗要提前保护。

3. 工艺流程

（1）基层处理

施工前，基层表面不得有青苔、油脂或其他污染物，且要保持充分干燥。涂有旧涂料的基面，应经试验确认是否可附着施工，否则旧涂料必须铲除。

（2）刷封闭底漆

在基层上均匀地涂刷一层防潮抗碱封闭底漆，以完全封闭基面，起到防渗、防潮、抗碱的作用。注意封闭底漆不可过量兑水，要使其完全遮盖基层。天然真石漆专用底漆与天然真石漆的颜色要接近，可防止天然真石漆因透底出现"发花"现象。

（3）制作缝隙

先用直尺或标线做出直线标记，然后用黑漆描线，再贴美纹纸进行分格。贴美纹纸时必须先贴横线，再贴竖线；封有接头处可钉上铁钉，以免喷涂后找不到胶带源头。

（4）喷天然真石漆

喷涂前，应将天然真石漆搅拌均匀，装在专用的喷枪内。喷涂时应按从上往下、从左往右的顺序进行，不得漏喷。可先快速地薄喷一层，然后缓慢、平稳、均匀地喷涂，喷涂厚度为 2～3 mm。喷涂的效果与喷嘴的大小、喷嘴至墙面的距离有关。当喷嘴口径为 6～8 mm，且喷嘴与墙面的距离较大时，喷出的斑点较大，凸凹感比较强烈；当喷嘴的口径为 3～6 mm，且喷嘴与墙面的距离较小时，喷出的斑点较小，饰面比较平坦。

（5）喷面漆

在喷面漆之前，要对天然真石漆进行修整，使其平整、光滑，线条要平直，不得漏喷。待天然真石漆完全干透后，则可全面喷涂面漆。注意施工温度不得低于 10 ℃，要喷涂两遍，每遍间隔 2 小时。面漆在干透前为乳白色，干透后则是透明色。

（6）再次喷面漆

再次喷面漆时，要喷涂均匀，无漏喷，线条要清晰、平直、顺直。再次喷涂前，基层表面要求实干。

（7）检查施工质量

对局部质量问题进行修补。

（8）养护

天然真石漆喷涂后应立即小心地撕除美纹纸，不得影响涂膜切角。撕除美纹纸时注意尽量往上拉开，不要往前拉。

4. 质量标准

涂饰工程所用材料的品种、型号和性能应符合设计要求及国家现行标准的有关规定。美术涂饰工程应涂饰均匀、粘结牢固，不得漏涂、透底、开裂、起皮、掉粉和反锈。涂饰工程的套色、花纹和图案应符合设计要求。

5. 成品保护

在施工中，应对门窗及不施工部位进行遮挡保护。严禁从下往上施工，以免造成颜色污染。严禁碰损墙面，严禁蹬踩，拆脚手架时要特别注意。

思政链接

建筑设计类专业的学生在实际操作的每一个环节中要注意个人文明意识和安全意识。尤其是在协作过程中，要培养自己与小组内成员的默契度，增强彼此间的组织、沟通能力。

在遇到困难时要学会坚持，明白"世上无难事，只要肯攀登"的人生道理。不轻言放弃，在坚持和坚守中，逐步建立对自己的自信、对人生的自信。通过自己不懈的努力，成长为德、智、体、美全面发展的高等技术应用型人才。

课后习题

一、填空题

1. 涂料是指涂覆在被保护或被装饰的物体表面，并能与被涂物形成牢固附着的连续薄膜，从而对物体起到_____、_____，或使物体具有某种特殊功能（如绝缘、防腐、标识等）的材料。

2. 内墙漆是以高分子的乳液为成膜物质的一种涂料，以合成树脂乳液为基料加入_____、不同填料及各种助剂配制而成的一类水性涂料。

3. 一般装饰施工工艺中采用的是_____，即乳液性涂料，按照基材的不同，分为醋酸乙烯乳胶漆和丙烯酸乳胶漆两大类。

4. 由于墙面基层是碱性的，因而涂料的_____要好。

二、判断题

（   ）1. 天然真石漆在施工中，应对门窗及不施工部位进行遮挡保护。严禁从下往上施工，以免造成颜色污染。严禁碰损墙面，严禁蹬踩，拆脚手架时要特别注意。

（   ）2. 内墙乳胶涂料施工和保养的温度应高于10 ℃，湿度应低于85%，以保证成膜良好。

（   ）3. 喷天然真石漆前，应将天然真石漆搅拌均匀，装在专用的喷枪内。喷涂时应按从下往上、从右往左的顺序进行，不得漏喷。

（   ）4. 刷木门时，先刷亮子后刷门框、门扇背面，刷完后用木楔将门扇固定，最后刷门扇正面。

项目四

石材装饰材料与施工工艺

项目概述

石材既包括天然石材,也包括人造石材。石材是人类建筑史上应用较早的建筑材料之一。大部分的天然石材具有强度高、耐久性好、抗冻、耐磨、蕴藏量丰富、易于开采加工等特点,因此一直为人们所青睐;广泛应用于地面、墙面、柱面、楼梯、建筑屋顶、栏杆、隔断、柜台、洗漱台等部位的装饰。

天然石材是建筑装饰材料的高档产品,随着科技的不断进步,人造石材产品的质量已不逊色于天然石材。

学习目标

知识目标

(1)了解石材装饰材料的分类以及不同石材的装饰应用特点。

(2)了解常见的石材装饰材料的施工工艺。

能力目标

(1)能够根据装饰风格选择和搭配石材装饰材料。

(2)掌握石材在柱体、墙面、地面设计中的应用。

素质目标

(1)调研石材装饰材料的市场情况。

(2)了解石材装饰材料的行业发展情况。

思政目标

(1)培养学生的工匠精神和团队合作能力。

(2)培养学生一丝不苟、严谨细致、认真负责的工作态度。

任务工单

一、任务名称

石材装饰材料应用案例汇报。

二、任务描述

全班同学以分组讨论的形式，列举生活中石材装饰材料的设计案例，搜集相关资料，制作精美的 PPT 报告。在任务准备的过程中完成表 4-1 的填写。

表 4-1 实训表（一）

姓名		班级		学号	
学时		日期		实践地点	
实训工具	图书馆资料、网络资料、案例实景照片等					

三、任务目的

通过分析、举例、搜集资料的形式，熟练掌握石材装饰材料的设计运用。

四、分组讨论

全班学生以 3~6 人为一组，选出各组的组长，组长对组员进行任务分工并将分工情况记入表 4-2 中。

表 4-2 实训表（二）

成员	任务
组长	
组员	
组员	
组员	
组员	
组员	

五、任务思考

（1）常见的石材产品有哪些饰面效果？
（2）大理石的组成与技术特性有哪些？

六、任务实施

在任务实施过程中，将遇到的问题和解决办法记录在表 4-3 中。

表 4-3 实训表（三）

序号	遇到的问题	解决办法
1		
2		
3		

七、任务评价

请各小组选出一名代表展示任务实施的成果，并配合指导教师完成表 4-4 的任务评价。

表 4-4　实训表（四）

评价项目	评价内容	分值	评价分值		
			自评	互评	师评
职业素养考核项目	考勤、纪律意识	10 分			
	团队交流与合作意识	10 分			
	参与主动性	10 分			
专业能力考核项目	积极参与教学活动并正确理解任务要求	10 分			
	认真查找与任务相关的资料	10 分			
	任务实施过程记录表的完成度	10 分			
	对石材装饰材料运用的掌握程度	20 分			
	独立完成相应任务的程度	20 分			
合计：综合分数____自评（20%）+互评（20%）+师评（60%）		100 分			
综合评价			教师签名		

任务一　常见装饰石材概述

常见装饰石材概述

岩石是地壳和地幔的物质基础，是地质作用下一种或几种矿物的集合体（图 4-1）。地壳发生变动，地壳深处高温熔融的岩浆缓慢上升接近地表，形成巨大的深成岩体以及较小的侵入岩，如岩脉、熔岩流和火山。岩浆在入侵地壳或喷出地表的冷却过程中形成岩浆岩，如花岗石。

图 4-1　岩石

地壳运动使岩石上升到地表，经风化侵蚀作用或火山作用使岩石成为碎屑，被冰川、河流和风力搬运，在地表及地下不太深的地方形成岩石沉积岩，因此易于开采，如岩土和页岩。

大多数沉积物都堆积在大陆架，通过海底峡谷搬运沉积到更深的海底。在大规模的造山运动中，在高温高压作用下，沉积岩和岩浆岩在固体状态下发生再结晶作用变成变质岩，如片岩和片麻岩。在地表常温、常压条件下，岩浆岩和变质岩又可以通过母岩的风化侵蚀作用和一系列沉积作用形成沉积岩。变质岩和沉积岩进入地下深处后，温度、压力进一步升高促使岩石发生熔融形成岩浆，经结晶作用变成岩浆岩，从而形成新的造岩循环。

> **知识链接**
>
> **天然石材的来源与特点**
>
> 天然石材来自岩石，岩石按形成条件可分为火成岩、沉积岩和变质岩三大类。
>
> 1. 火成岩
>
> 火成岩又称为岩浆岩，是由地壳内部岩浆冷却凝固而成的岩石，是组成地壳的主要岩石，按地壳质量计算，火成岩占89%。由于岩浆冷却条件不同，所形成的岩石具有不同的结构性质，根据岩浆冷却条件，火成岩分为三类：深成岩、喷出岩和火山岩。
>
> （1）深成岩
>
> 深成岩是岩浆在地壳深处凝成的岩石，由于冷却过程缓慢且较均匀，同时覆盖层的压力又相当大。因此有利于组成岩石矿物的结晶，形成较明显的晶粒，不通过其他胶结物质就可结成紧密的大块。深成岩的抗压强度较高，吸水率较小，表观密度及热导率较大。由于孔隙率较小，因此可以磨光，但过于坚硬难以加工。工程中常用的深成岩有花岗石、正长岩和橄榄岩等。
>
> （2）喷出岩
>
> 喷出岩是岩浆在喷出地表时经受了急剧降压和快速冷却过程形成的。在这种条件的影响下，岩浆来不及完全形成结晶体，而且不可能形成粗大的结晶体。所以，喷出岩常呈非结晶的玻璃质结构、细小结晶的隐晶质结构，以及当岩浆上升时即已形成的粗大晶体嵌入在上述两种结构中的斑状结构。当喷出岩形成很厚的岩层时，其结构与性质接近深成岩；当形成较薄的岩层时，由于冷却快，多数形成玻璃质结构及多孔结构。工程中常用的喷出岩有辉绿岩、玄武岩及安山岩等。
>
> （3）火山岩
>
> 火山爆发时岩浆喷入空气中，由于冷却极快、压力急剧降低，落下时形成的具有松散多孔、表观密度较小的玻璃质物质称为散粒火山岩。若散粒火山岩堆积在一起，受到覆盖层压力作用及岩石中的天然胶结物质的胶结，即可形成胶结的火山岩，如氟石等。
>
> 2. 沉积岩
>
> 沉积岩又称水成岩，是露出地表的各种岩石在外力作用下，经风化、搬运、沉积、成岩四个阶段，在地表及地下不太深的地方形成的。沉积岩的主要特征是具有层理，即岩石中的层状结构和含有动植物化石，沉积岩中所含矿产极为丰富，有煤、石油、锰、铁、铝、磷、石灰石和盐岩等。沉积岩仅占地壳质量的5%，但其分布极广，工程中常用的沉积岩有石灰岩、砂岩等。
>
> 3. 变质岩
>
> 变质岩是原岩石发生变质再结晶，矿物成分、结构等发生改变形成的新岩石，一般

由岩浆岩变质成的称为正变质岩，由沉积岩变质成的称为副变质岩。按地壳质量计，变质岩占65%。工程中常用的变质岩有大理石、石英岩和片麻岩等。

装饰石材主要分为天然石材和人造石材两大类。天然石材根据岩石类型、成因及石材硬度不同，可分为花岗石、大理石、砂岩、板岩和青石五类。其中，砂岩、板岩和青石因其独特的肌理和质地，能够增强空间界面的装饰效果，又被统一归类为天然文化石。人造石材根据生产材料和制造工艺不同，可分为聚酯型人造石材、水泥型人造石材、复合型人造石材和微晶玻璃型人造石材等；根据集料不同，人造石材又可分为人造花岗石、人造大理石和人造文化石等。

一、饰面石材的开采与加工

从矿山开采出来的石材荒料运到石材加工厂后经一系列加工过程，才能得到具有各种饰面的石材制品。石材的开采方法分为孔内刻槽爆破劈裂、液压劈裂、凿岩爆裂、火焰切割、爆裂管控制爆破、金刚石串珠锯和圆盘锯切割等，不同的开采方法在开采工艺的不同阶段有不同的作用，可产生不同的效果。

一般石材产品的加工工艺流程如下。

1. 选料

选料是石材产品生产加工的第一道工序，即源头工序，要选符合加工单要求的材料（品种、等级、颜色、花纹、材质状况），同时兼顾出材率。

2. 开料

开料是石材产品加工的第二道工序，要按加工单要求的厚度及规格进行。

3. 调色

天然石材本身具有色差，为保证安装的整体效果，成型加工前必须进行调色，除非该材料没有色差可直接施工。

4. 成型

成型是指调色完成后，利用各类设备、工具，按加工单要求的形状对石材进行成型的过程。

5. 切角

切角本身就是成型的一种，有的是成型以后即可切角，有的是在打磨抛光以后再切角。

6. 抛光

抛光是指将石材产品磨削至见光。

7. 检验

检验要确保石材产品各项指标符合加工单要求。

8. 包装入库

包装入库是指按加工单要求，利用既定的材料对石材产品进行包装保护，然后登记入库。

二、常见石材产品的分类

常见石材产品的分类如下。

1. 异型类

①线条：直位线条、弧位（弯位）线条、三维线条（图4-2）。
②弧板：空心柱弧板、弧形墙弧板、一般的弧形立板等（图4-3）。
③柱类：实心圆柱、罗马柱、扭纹柱、柱头、柱座（图4-4）。

图4-2　线条

图4-3　弧板

图4-4　柱类

④旋转楼梯：包括盖板、立板、侧板、踏步面板等（图4-5）。
⑤雕刻品：人物、动物等的各类雕刻品（图4-6）。

图4-5　旋转楼梯

图4-6　雕刻品

2. 板材类

①异型板材：除正方形或者长方形以外的板材（图4-7）。
②规格板材：正方形或者长方形板材（图4-8）。

图 4-7 异型板材

图 4-8 规格板材

③ 拼花：拼条、一般拼花、水刀拼花（图 4-9）。
④ 马赛克：马赛克系列产品（图 4-10）。
⑤ 复合板：复合板系列产品（图 4-11）。

图 4-9 水刀拼花

图 4-10 马赛克

图 4-11 复合板

三、石材产品检验

1. 颜色、花纹

同一批板材的花纹、色调应基本调和。检验时将选定的样板与被检板材同时平放在地面上，距离 1.5 m 目测。

2. 规格尺寸的偏差（加工尺寸）

规格尺寸的长、宽是指测量板材两边的长、宽及中间部位的长、宽各三个数值后得到的平均值，而厚度是指测量各边中间厚度的四个数值的平均值。普通板材的规格尺寸允许偏差应符合设计规定，异型板材规格尺寸的允许偏差由供需双方商定。

3. 平整度

平整度是指饰面板材磨光面的平整程度。国家标准规定了异型板材表面平整度的极限公差。

4. 角度偏差

角度偏差是指板材正面各角与直角偏差的大小，用板材角部与标准钢角尺之间的缝隙尺寸（单位 mm）表示。测量时采用 90° 钢角尺，将角尺的长、短边分别与板材的长、短边靠紧，用塞尺测量板材与角尺短边的间隙尺寸。当被检角大于 90°时，测量点在角尺根部；当角尺长边大于板材长边时，测量板材的两对角；当角尺的长边小于板材长边时，测量板材的四个角。以最大间隙的塞尺片读数表示板材的角度极限公差。角度极限公差应符合设计要求，对于拼缝板材，正面与侧面的夹角不得大于 90°；异型板材的角度极限公差由供需双方商定。

5. 物理、化学性能

（1）表观密度

天然石材根据表观密度的大小可分为轻质石材（表观密度≤1 800 kg/m³）和重质石材（表观密度＞1 800 kg/m³）。在通常情况下，同种石材的表观密度越大，则抗压强度就越高，吸水率越小，耐久性越好，热导率越好。

（2）吸水性

通常用吸水率表示石材的吸水性。石材的孔隙率越大，吸水率越大；石材的孔隙率相同时，开口孔数越多，吸水率越大。

（3）耐水性

通常用软化系数表示石材的耐水性。岩石中含的黏土或易溶物质越多，岩石的吸水性就越强，其耐水性越差。

（4）抗冻性

抗冻性是指石材抵抗冻融破坏的能力，石材的抗冻性与吸水率有密切的关系，吸水率越大的石材抗冻性越差。通常吸水率小于 0.5% 的石材是抗冻性好。

（5）耐热性

石材的耐热性与石材的化学成分及矿物组成有关。石材经高温后，热胀冷缩导致体积变化从而产生内应力，或因组成矿物发生分解和变异等导致结构破坏，可以认为温度越高，石材的耐热性越差。

（6）抗压强度

石材的抗压强度通常用 100 mm×100 mm×100 mm 的立方体试件的抗压破环强度的平均值表示。

（7）冲击吸收能量

石材的冲击吸收能量取决于石材的矿物组成与构造，石英岩、硅质砂岩脆性较大，冲击吸收能量较高；含暗色矿物较多的长岩、辉绿岩等具有较高的冲击吸收能量。通常，晶体结构的石材比非晶体结构的石材冲击吸收能量要高。

（8）硬度

石材的硬度取决于选岩矿物的硬度与构造，凡是由致密坚硬的矿物组成的石材，其硬度均较高。石材的硬度用莫氏硬度来表示。

（9）耐磨性

石材在使用条件下抵抗摩擦、边缘剪切以及冲击等复杂作用的能力称为耐磨性。石材的耐磨性包括耐磨损与耐磨耗，耐磨性好的石材用于可能遭受磨损作用的场所，如台阶、人行道、地面、楼梯踏步以及其他可能遭受磨耗作用的场所，如道路路面的碎石等，应采用具有高耐磨性的石材。

四、常见石材产品的饰面效果

常见石材产品的饰面效果如下。

1. 镜面板

这种石材表面具有较强反射光线的能力，拥有良好的光滑度，可使石材最大限度地显示固有的色泽、花纹，最终使饰面板具有镜面反射效果（图4-12）。

2. 亚光板

光泽度在15°～25°的石材可称为亚光面。这个区间的光泽度柔和且不显粗糙，可呈现一种很有特色的装饰效果——表面平整无光泽（图4-13）。

图4-12　镜面板

图4-13　亚光板

3. 喷砂面

喷砂面是用石材喷砂机做出来的一种技术效果，能够依据石材硬度制成所需深浅、均匀程度的效果（图4-14）。

4. 火烧面

火烧面是将锯切后的石材毛板用火焰进行表面喷烧，利用某些矿物在高温下开裂的特性进行表面"烧毛"，使石材恢复天然的粗糙表面，以达到独特的色彩和质感。大部分火烧面加工成平整且具有粗糙肌理的效果（图4-15）。

图4-14　喷砂面

图4-15　火烧面

5. 水洗面

水洗面和火烧面其实是一样的，表面表现为"麻面"。水洗面是利用高压水枪直接冲击石材表面形成的水洗效果。根据石材的密度和结构，采用水洗面的一般都是大理石，而火烧面在花岗岩中应用较多（图4-16）。

6. 剁斧板

剁斧板是指石材表面以均匀的金属工具（錾斧）按顺序开凿，并留出规则痕迹（图4-17）。

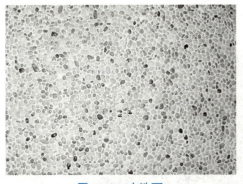
图4-16 水洗面

图4-17 剁斧板

7. 刨切面

刨切面是指使用刨床式刨石机对毛板表面进行往复式刨切，使石材表面形成有规律的平行沟槽或制纹。这是一种粗面板材的加工方式，最终使饰面板成为平整且具有规则条纹的机制板（图4-18）。

8. 荔枝面

荔枝面石材是用形如荔枝皮的锤子在石材表面敲击而成的，在石材表面形成形如荔枝皮的粗糙表面，多见于雕刻品表面或广场石等的表面。荔枝面分为机荔面（机器）和手荔面（手工）两种，一般而言，手荔面比机荔面更细密一些，但费工费时（图4-19）。

图4-18 刨切面

图4-19 荔枝面

任务二　天然石材

一、大理石

大理石原指产于云南大理的白色中带有黑色花纹的石灰岩,古代常选取具有成型花纹的大理石来制作画屏或用于镶嵌画,后来"大理石"逐渐发展成其名称。大理石是由石灰岩或白云岩在高温、高压的地质作用下重新结晶变质而成的一种变质岩,常呈层状结构,属中硬度石材(图4-20)。

图4-20　大理石栏杆

1. 大理石的组成与技术特性

天然大理石分纯色和花纹两大类。纯色大理石为白色,如汉白玉。花纹大理石的图案千变万化,有山水图案、云纹,甚至会有古生物的图案等,装饰效果很好。

(1)大理石的组成

① 化学成分

大理石的化学成分主要有氧化钙、氧化镁(占总量的50%以上)以及少量的二氧化硅等,化学性质呈碱性。

② 矿物成分

大理石的矿物成分主要是方解石、白云石以及少量的石英、长石等。由白云岩变质成的大理石,其性能比石灰岩变质成的大理石更优良。

(2)大理石的技术特性

表观密度为2 600~2 700 kg/m³,抗压强度为70~300 MPa,吸水率小,不易变形,耐久、耐磨。

大理石的硬度较花岗石要低,易加工,磨光性较好。但在地面使用时尽量不要选择大理石,因其硬度较低,磨光面易受损。

大理石的抗风化性能差,除了极少数杂质含量少、性能稳定的大理石(如汉白玉、艾叶青等）以外，磨光大理石板材一般不适宜用于室外装饰。由于大理石中所含的白云石和方解石均为碱性石材，空气中的二氧化碳、水汽等对大理石具有腐蚀作用，会使其表面失去光泽，变得粗糙多孔。

> **知识链接**
>
> ### 大理石板材的分类与规格
>
> 大理石板材的分类与花岗岩板材相同，但大理石板材多为镜面板材，大板材及其他特殊板材的规格由设计方和施工方与生产厂家商定。大理石板材的通用厚度为 20 mm，称为厚板。
>
> 大理石板材的常见规格有 300 mm×300 mm×20 mm、600 mm×600 mm×20 mm、800 mm×800 mm×20 mm 和 900 mm×900 mm×20 mm。厚板的厚度较大，可钻孔、开槽，适用于传统作业法和干挂法等施工工艺；但施工步骤较复杂。随着石材加工工艺的不断改进，厚度较小的大理石板材也开始应用于装饰工程，常见的有 10 mm、8 mm、7 mm 等，也称为薄板。薄板可以用水泥砂浆专用胶黏剂直接粘贴，石材利用率较高，且便于运输和施工；但尺寸不宜过大，以免加工、安装过程中发生碎裂或脱落，造成安全隐患。

2. 天然大理石常见品种

天然大理石常见品种如下。

（1）白色系

① 雪花白

雪花白品质较软，表面很容易划伤，通体雪白、质感纯净，具有水晶、雪花等构造特点（图4-21），主要应用于高档场所的内装饰，如酒店大堂的旋梯、内墙饰面。

② 爵士白

爵士白纹理独特，有特殊的山水纹路，有着良好的装饰性能，在纹路走势、纹理的质感上有特殊表现（图4-22），适合用作雕刻用材和异型用材。

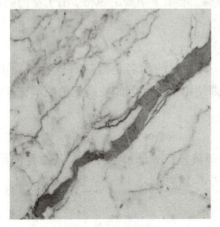

图 4-21 雪花白

图 4-22 爵士白

③雅士白

雅士白属于高档大理石，其色泽白润如玉，颗粒细腻，纹路稀少，美观高雅；但质地较软，多用于现代风格的墙面、吧台等（图4-23）。

（2）黄色系

①银线米黄

此料有严格的加工面，同一荒料的不同加工面有不同的花纹（直纹、乱纹）（图4-24）。取乱纹时，光面上必定有严重的绿斑，需挖取后胶补。直纹板遍布规则裂隙，此料光度一般，但容易胶补。主要用于建筑装饰等级要求较高的建筑物，如用于纪念性建筑、宾馆、展览馆、影剧院、商场、图书馆、机场、车站等。

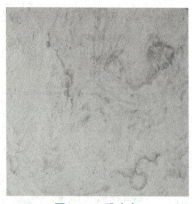

图4-23　雅士白

②金线米黄

金线米黄优点是色泽金黄，缺点是石材硬度不是很高，较松散，会有黑色杂质，不宜作为地面，主要用作内装、墙身（图4-25）。

图4-24　银线米黄

图4-25　金线米黄

③金花米黄

金花米黄有素雅朴质的主色调、金黄色的乱纹点缀，增添了华丽的风格，用于室内装饰，如墙面、地面、门套、窗台、洗手间等（图4-26）。

④米黄洞石

米黄洞石因为石材的表面有许多孔洞而得名，其石材的学名是凝灰石或石灰石（图4-27）。用作装饰板材时，一般需要进行封洞处理，即使用接近底色的胶或无色胶填充孔洞，以减少对灰尘的吸纳，同时增加板材的抗裂性能。

（3）松香玉

松香玉属于一种特有的大理石石种，其外观呈金黄色，光泽鲜艳夺目，条纹走向清楚明了，花色自然纯真、立体感强，常用作工艺品（图4-28）。

（4）咖啡色

①浅啡网

浅啡网底部为浅咖啡色，有少量白花，光度较好，易胶补，为高档饰面材料，主要用于建筑装饰等级要求较高的建筑物（图4-29）。

图4-26 金花米黄

图4-27 米黄洞石

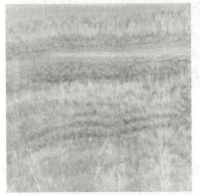

图4-28 松香玉

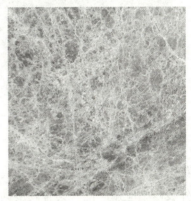

图4-29 浅啡网

②深啡网

深啡网在深咖啡色中镶嵌着浅白色的网状花纹，让粗犷的线条有了更细腻的感觉，用于室内装饰，如墙面、地面、门套、窗台、洗手间等（图4-30）。

（5）黑色系

黑金花大理石有美丽的颜色、花纹，有较高的抗压强度和良好的物理、化学性能，易于加工，应用范围广泛，适用于多种场合（图4-31）。

图4-30 深啡网

图4-31 黑金系

（6）红色系

① 橙皮红

橙皮红，深色，有白花，遍布裂隙线，光泽度较好，易胶补，用于室内高档装饰、构件、洗手盆等（图4-32）。

② 红皖螺

红皖螺花色艳丽，图案明显，用于室内高档装饰、构件（图4-33）。

图4-32　橙皮红

图4-33　红皖螺

二、天然花岗石

花岗石又叫作麻石，一般是从火成岩中开采出来的，主要成分是二氧化硅。花岗石在室内外装修中应用广泛，具有硬度高、抗压强度大、孔隙率小、吸水率低、导热快、耐磨性好、耐久性高、抗冻、耐酸、耐腐蚀、不易风化、表面平整光滑、棱角整齐、色泽持续力强且色泽稳重大方等特点，是一种较高档的装饰材料。

1. 花岗石的组成和技术特性

花岗石常呈均匀粒状结构，具有深浅不同的斑点或呈纯色，无彩色条纹，这也是从外观上区别花岗石和大理石的主要特征。花岗石的颜色主要取决于长石、云母及暗色矿物的含量，可呈黑色、灰色、黄色、绿色、红色、红黑色、棕色、金色、蓝色和白色等。优质花岗石晶粒细且均匀，构造紧密，石英含量多，云母含量少，不含黄铁矿等杂质，长石光泽明亮，无风化迹象。

（1）花岗石的组成

① 化学成分

花岗石的主要化学成分是二氧化硅，含量为65%～85%，化学性质呈弱酸性。

② 矿物成分

花岗石的主要矿物成分是长石、石英，少量的云母以及微量的磷灰石、磁铁矿、钛铁矿和榍石。其中，长石含量为40%～60%，石英含量为20%～40%，暗色矿物以黑云母为主，含有少量的角闪石。

（2）花岗石的技术特性

石质坚硬致密，表观密度为 2 700 ~ 2 800 kg/m³；抗压强度为 100 ~ 230 MPa；吸水率仅为 0.1% ~ 0.3%，组织结构排列均匀、规整，孔隙率小。

花岗石化学性质稳定，不易风化，耐酸、耐腐蚀、耐磨、抗冻、耐久。硬度大，开采困难。质脆，但受损后只是局部脱落，不影响整体的平直性。耐火性能较差，由于花岗石中含有石英类矿物成分，当温度达到 573 ~ 870 ℃时，石英发生晶型转变，导致石材爆裂，强度下降。因此，花岗石的石英含量越高，耐火性能越差。

知识链接

花岗石板材的分类与规格

1. 分类

（1）花岗石板材按形状可分为普通型板材和异型板材。普通型板材是指正方形或长方形的板材；异型板材是指其他形状的板材。

（2）花岗石板材按表面加工工艺可分为粗面板材、亚光板材和镜面板材。粗面板材是经机械或人工加工，将平整的表面加工出具有不同形式的凹凸纹路的板材，如机刨板、剁斧板、火烧板和锤击板等。亚光板材是经粗磨、细磨加工而成的，表面平整、细腻，但无镜面光泽。镜面板材是经粗磨、细磨、抛光加工而成的，表面平整光亮、色泽花纹明显。

2. 规格

天然花岗石板材的规格很多，大板材及其他板材规格由设计方和施工方与生产厂家商定。常见的用于室内的天然花岗石板材的规格有 300 mm × 300 mm × 20 mm、600 mm × 600 mm × 20 mm、800 mm × 800 mm × 20 mm、900 mm × 900 mm × 20 mm；常见的用于室外的天然花岗石板材的规格有 300 mm × 300 mm × 30 mm、600 mm × 600 mm × 30 mm、900 mm × 900 mm × 30 mm。

2. 天然花岗石的常见品种

天然花岗石的常见品种如下。

（1）红色系

① 贵妃红

贵妃红是我国稀有的石材品种，红色色泽十分鲜艳，鲜红色和黑色交织（图 4-34）。板面加工大部分为光面、火烧面、荔枝面等。用于广场、园林和外墙中。

② 枫叶红

枫叶红也称为"岑溪红"，石材为晶体颗粒状，因花纹似枫叶而得名。颜色呈红色，分为浅红、中红、大红，有白色底纹时通常称为枫叶红白花板（图 4-35），通常情况下颜色越红，价值越高。适用于大型外墙干挂、广场地面、异型、拼花、雕刻、楼梯板、踏步过门石等。

图 4-34　贵妃红

图 4-35　枫叶红

③ 四川红

四川红具有色泽鲜红、红里透亮、材质坚硬、密度高等独有特性。可用于室内外装饰和景区景点雕塑。

④ 幻彩红

幻彩红主要是红底黑色的纹状结构，根据颜色、晶体等的不同又分为深红色、淡红色、精晶、细晶、大花纹、小花纹等品种。幻彩红的结构不太稳定，同一矿山出品的产品在颜色、晶体、花纹等方面各有变化，主要缺陷有黑胆、水晶带、纹路不均匀、裂纹等。其用途主要是由厂家自行加工成板材和风景石，以及各种石材工艺制品（图 4-36）。

⑤ 将军红

将军红具有结构致密、质地坚硬、耐酸碱、耐候性好等特点，可以在室外长期使用（图 4-37）。主要用于室内外高档装饰、构件、台面板、洗手盆、碑石。

图 4-36　幻彩红

图 4-37　将军红

（2）黑色系

① 中国黑钻

中国黑钻的黑色表面布满颗粒均匀的钻体，其色泽浑厚、肌理清晰。主要用于室内外高档装饰、构件等，具有独特的艺术审美效果（图 4-38）。

② 黑金沙

黑金沙有细粒、中粒、粗粒之分，又有大金沙和小金沙之分。主要用于制作地板和厨房的台面，也可以用来制作石门，由黑金沙制成的石门非常紧固，而且美观（图4-39）。

图4-38　中国黑钻

图4-39　黑金沙

③济南青

济南青是由辉长岩制成的花岗岩，黑底带微小的白点（图4-40）。非常适合制造大理石构件，同时也是堆叠假山、制作山水盆景的优质石料。

（3）黄色系

①古典金麻

古典金麻材质相对较软，易加工。花色有大花和小花之分，底色有黑底、红底、黄底（图4-41），多用于室内外高档装饰、构件、台面板。

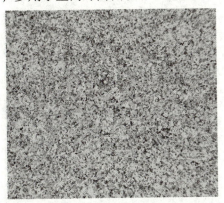

图4-40　济南青

图4-41　古典金麻

②黄金麻

黄金麻具有结构致密、质地坚硬、耐酸碱、耐候性好等特点，可以在室外长期使用（图4-42）。一般用于地面、台阶、基座、踏步、檐口、室内外墙面、柱面的装饰等。

③石井锈石

石井锈石表面有很多锈状点花纹，并有少许小锈点，有深黄色和浅白色（图4-43）。多用于外墙干挂、室内装修、地面铺装等，次料可用于路边石。

图4-42 黄金麻

图4-43 石井锈石

（4）绿色系

① 绿星

绿星整体呈绿色，有花纹，有较高的抗压强度和良好的物理、化学性能（图4-44）。绿星剁斧板材多用于室外地面、台阶、基座等处；机刨板材一般用于地面、台阶、基座、踏步、檐口等处。

② 墨绿麻

墨绿麻底色深绿色，并带有白点。不同品种之间白点多少、颗粒大小各不一样（图4-45），主要用于室外地面、室外墙面。

图4-44 绿星

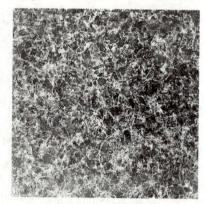
图4-45 墨绿麻

③ 森林绿

森林绿是我国稀有的石材品种，石材硬度高，可拼铺成各种几何图案，色泽美观实用（图4-46）。大量用于广场、外墙、装饰工程板、台面板、台阶、园林绿化等。

（5）灰色系

① 山东白麻

山东白麻具有表面光洁、耐腐蚀、耐酸碱、硬度大、密度大、铁含量高、无放射性等优点（图4-47），在装饰施工中应用较广泛。

图 4-46 森林绿

图 4-47 山东白麻

② 灰麻

灰麻分为深灰、中灰和浅灰三种，即芝麻黑（深灰色灰麻）、乔治亚灰（中灰色灰麻）和芝麻灰（图 4-48），常用于磨光板、火烧板、机抛板、荔枝面。

③ 大白花

大白花品质坚硬，色泽鲜明，是比较理想的建筑装饰材料，具有很好的耐磨、耐腐蚀特性，无异味，对人体无辐射危害（图 4-49），一般用于室内外高档装饰、构件、碑石。

图 4-48 芝麻灰

图 4-49 大白花

三、其他天然石材

1. 砂岩与板岩

（1）砂岩

砂岩是一种沉积岩，是由石粒经过水冲蚀沉淀于河床上，经千百年的堆积后变得坚固而成的。后因地壳运动形成今日的矿山，结构比较稳定。砂岩产量丰富，具有隔声、防潮、抗破损、不风化、水中不溶解等特点。砂岩还是一种环保材料，无光污染，无辐射，制成品无毒、无味、不褪色、结实耐用，非常适合用于建筑装饰（图 4-50）。

图 4-50　砂岩的运用

砂岩结构致密、质地细腻，是一种亚光饰面石材，具有天然的漫反射特性和良好的防滑性能，有的产品具有原始的沉积纹理。砂岩常呈白色、灰色、淡红色和黄色等。

砂岩的表观密度为 2 200 ~ 2 500 kg/m^3，抗压强度为 45 ~ 140 MPa。砂岩吸湿性能良好，不易风化，不长青苔，易清理；但脆性较大，孔隙率和吸水率较大。

砂岩的组成如下。

① 化学成分

砂岩的化学成分主要是二氧化硅和三氧化二铝。砂岩的化学成分变化很大，主要取决于碎屑和填充物的成分。

② 矿物成分

砂岩的矿物成分主要以石英为主，其次是长石、岩屑、白云母、绿泥石、重矿物等。

（2）板岩

板岩一般用于室内厨房、浴室、地面等的装饰。板岩是一种变质岩，由黏土岩、粉砂岩、中酸性凝灰岩变质而成，沿板纹理方向可剥离成薄片（图 4-51）。

板岩结构致密，具有变余结构和板理构造，易于劈成薄片获得板材。板岩常呈黑色、蓝黑色、灰色、蓝色及杂色斑点等不同色调。板岩饰面在欧美地区常被用于外墙面，也用于室内局部墙面装饰，通过其特有的色调和质感营造出欧美乡村风情。

板岩按颜色分类主要有黑板、灰板、绿板、锈板、紫板等；板岩按照实际应用分为用于屋顶的、用于地面和墙面的。

优质的板岩一般加工成屋面瓦板，俗称石板瓦（图 4-52）。法国是欧洲应用石板瓦最广泛的国家，石板瓦屋顶已经成为法国建筑的标志。

板岩用于墙面装饰多用锈板。天然锈板的形成主要是由于板岩中含有一定比例的铁质成分，当这些铁质成分与水和氧气充分接触后，就会发生氧化反应生成锈斑。这些锈斑形成天然的纹理，色彩艳丽、图案多变。

图 4-51 板岩

图 4-52 石板瓦的应用

板岩的组成如下。

① 化学成分

板岩的化学成分主要是二氧化硅、二氧化铝和三氧化二铁。

② 矿物成分

板岩的矿物成分主要是矿物颗粒极细的石英、长石、云母和黏土等，含有的绿泥石呈片状，平行定向排列。

知识链接

板岩的技术特性

与大理石、花岗石相比较，板岩质地坚硬、平整度高、表面细腻无孔、吸水率极低；表面处理多样化，如打磨光面、亚光面、拉丝面、火烧面等。同时，板岩还具有易清洁、劈分性能好、色差小、黑度高、弯曲强度高、杂质含量低、烧失量低、耐酸碱性能好、吸水率低、耐候性好等特点。

2. 青石板与鹅卵石

（1）青石板

青石板是沉积岩中分布十分广泛的一种岩石，青石板具有块状和条状结构，易裂成片状，可直接应用于建筑施工。青石板表面一般不用打磨，纹理清晰；用于室内可获得天然的粗犷质感；用于地面不但能够起到防滑的作用，还能起到硬中带软的装饰效果。青石板常呈灰色，新鲜面为深灰色。

青石板的表观密度为 1 000 ~ 2 600 kg/m^3，抗压强度为 22 ~ 140 MPa。青石板材质较软，吸水率较大，易风化，耐久性差。

青石板易于劈制成面积不大且单项长度不太大的薄板，以前常用于园林中的地面、屋面瓦等（图 4-53）。因其古朴自然，一些室内装饰中将其用于局部墙面装饰，其返璞归真的效果颇受欢迎。青石板质地密实、硬度中等、易于加工，可用于建筑物墙裙、地坪铺贴以及庭院栏杆（板）、台阶等，具有古建筑的独特风格。

图 4-53 青石板的应用

常用青石板的色泽为豆青色、深豆青色、青色，以及带灰白结晶颗粒等。青石板根据加工工艺的不同分为粗毛面板、细毛面板和剁斧板等，也可根据设计意图加工成光面（磨光）板。

青石板的组成如下。

① 化学成分

青石板的化学成分主要是碳酸钙、二氧化硅、氧化镁等。

② 矿物成分

青石板的矿物成分主要是方解石。

（2）鹅卵石

鹅卵石又称为海岸石，包括各种色彩、大小的卵石，有一定的天然磨圆度。鹅卵石主要以装饰性能为指标，有的进行打磨抛光处理后形成类似雨花石的品种，有助于产品价值的提升。鹅卵石色彩多样，不仅可用于外墙面、地面等，也可用于室内的地面、墙面、柱面；既可以铺贴，也可随意撒落起到装饰的效果（图 4-54）。

（a）

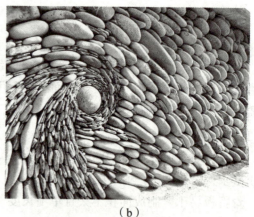

（b）

图 4-54 鹅卵石的应用

> **知识链接**
>
> ### 石材马赛克
>
> 石材马赛克是将天然石材开解切割，打磨成各种规格、形态的马赛克块，然后拼贴而成的（图 4-55）。根据其处理工艺的不同，有亚光面和亮光面两种形态；规格有方形、条形、圆角形、圆形、不规则平面、粗糙面等。
>
>
>
> 图 4-55 石材马赛克的应用

任务三　人造石材

人造石材是以胶凝材料为胶黏剂，以天然砂、石、石粉或工业废渣等为填充料，经成型、固化、表面处理与合成等工艺制成的一种人造材料，能够模仿天然石材的花纹和质感。人造石材的色彩和花纹均可根据设计意图制作，如仿花岗石、仿大理石或仿玉石等。人造石材还可以被加工成各种曲面、弧形等天然石材难以加工成形的形状。人造石材表面光泽度较高，某些产品的光泽度甚至超过天然石材。人造石材质量小，厚度一般小于 10 mm，最薄的可达 8 mm。人造石材通常不需要专用锯切设备就可一次成型为板材。

一、水泥型人造石材

水泥型人造石材是以水泥（白色、彩色均可，可用硅酸盐水泥、铝酸盐水泥）为胶黏剂，砂为细集料，碎大理石、花岗石、工业废渣等为粗集料（必要时可加入适量的耐碱颜料），经配料、加水搅拌、成型、加压蒸养、磨光、抛光等工序制成的。水磨石和各类花阶砖就属于水泥型人造石材（图 4-56）。如果使用硅酸盐水泥制造，成品表面光亮并呈半透明状，如果使用其他品种水泥则不能形成具有光泽的表面。

图 4-56 水磨石地面铺装效果

现浇水磨石地面是在水泥砂浆或混凝土垫层上,按设计要求分格并抹水泥石子浆,凝固后用金刚石或打磨设备打磨,要磨光露出石渣,再经补浆、细磨、打蜡制成(图 4-57)。现浇水磨石地面可分为普通水磨石面层和彩色美术水磨石面层两类。现浇水磨石地面的优点是美观大方、平整光滑、坚固耐久、易于保洁、整体性好;缺点是工艺流程多、施工周期长、施工噪声大、易产生污染等。

随着技术的发展,水磨石在技术水平和材料品质方面均取得巨大突破,水磨石现已工厂化生产,材质上更为细腻,工艺更加先进,可预制各种规格的水磨石制品(图 4-58),或现浇大面积整体无缝水磨石地面,尺寸可大可小,色彩丰富多变。

图 4-57 现浇水磨石地面

图 4-58 现代水磨石制品

知识链接

聚酯型人造石材

聚酯型人造石材多以不饱和聚酯为胶黏剂,连同石英砂、天然石材碎石、方解石粉等无机填料和颜料一起,经配制、混合搅拌、浇筑成型、固化、脱模、烘干、抛光等工序制成(图 4-59)。

例如，目前的人造大理石以聚酯型为主，所用聚酯树脂的黏度较低，易成型，常温下固化。聚酯型人造大理石具有光泽性好、颜色鲜亮、质量较小（比天然大理石轻25%左右）、强度较高、厚度较薄、易于加工、拼接无缝、不易断裂、能制成异型制品等优点，如浴缸、洗脸盆、坐便器等。

透光石也属于聚酯型人造石材，具有质量小、硬度高、耐油、耐脏、耐腐蚀、板材厚度均匀、光泽度好、透光效果明显、不变形、防火、抗老化、无辐射、抗渗透、可随意弯曲、无缝粘接等优点；适用于制作各种建筑物的透光幕墙、透光吊顶、透光家具、高级透光灯饰等。

图4-59 聚酯型人造石材

聚酯型人造石材产品除了人造大理石、透光石外，还有人造花岗石、人造玉石、人造玛瑙等，多用于卫生洁具、工艺品及浮雕线条等的制作。聚酯型人造石材卫生洁具包括浴缸、坐便器、水斗、脸盆、淋浴房等。聚酯型人造石材还可以用于室内墙面、地面、柱面、台面的镶嵌等。

二、微晶玻璃人造石材

微晶玻璃人造石材又叫作微晶石，是一种新型装饰建筑材料，其中的复合微晶石称为微晶玻璃复合板材，是将一层3~5 mm的微晶玻璃复合在陶瓷玻化石的表面，经二次烧结后制成（图4-60）。微晶石的厚度一般为13~18 mm，板面晶莹亮丽，微晶石既有特殊的微晶结构，又有特殊的玻璃基质结构，对于射入光线能产生扩散的漫反射效果。

图4-60 微晶石

微晶石具有以下特点。

1. 质感

微晶石在外观质感方面，其抛光板的表面粗糙度远高于其他石材，其特殊的微晶结构使得光线无论从任何角度射入，经过精细微晶粒的漫反射后都能将光线均匀分布到任何角度，使板材具有柔和的玉质感。

2. 性能

微晶石是在与花岗石形成条件相似的高温状态下，通过特殊的工艺烧结制成的，具有质地均匀、密度大、硬度高等特点；其抗压、抗弯、耐冲击等性能要优于天然石材，不仅经久耐磨、不易受损，更没有天然石材常见的细碎裂纹。

3. 色彩

微晶石可以根据使用需要生产出丰富多彩的色调系列（尤以水晶白、米黄、浅灰、白麻四个色系应用较多），能弥补天然石材色差较大的缺陷，产品广泛用于宾馆、写字楼、车站、机场等的内外装饰；也可用于家庭的高级装修，如墙面、地面、饰板、家具、台盆面板等（图 4-61）。

图 4-61　微晶石电视背景墙

> **知识链接**
>
> ### 烧结型石材
>
> 烧结型石材是指以高岭土、长石、石英等矿物材料，经配料成型、干燥、烧成等工序制成。如似陶似玉的微晶玻璃制品属于烧结型石材，其强度可高于花岗岩，光泽宛若玻璃，花纹美似碧玉，色彩优于陶瓷，具有很高的装饰艺术性（图 4-62）。玻璃马赛克，常用于卫生间墙面、地面局部处理等。
>
>
>
> 图 4-62　微晶玻璃制品

三、其他人造石材

1. 石材瓷砖复合板

石材瓷砖复合板是以常用石材和陶瓷为原料制成的一种建筑材料，这种板材是一种复合型材料，一般比较薄，常用的品种只有 12 mm 厚度。例如，大理石与瓷砖复合后形成大理石瓷砖复合板，其抗弯、抗折、抗剪等性能得到明显提高，显著降低了运输、安装、使用过程中的破损率。因石材瓷砖复合板是用 1 m² 的石材原板（通体板）切成 3 片或 4 片后变成了 3 m² 或 4 m²，而其花纹、颜色几乎与原板材相同，因而更易于保证大面积使用。因具备以上特点，显著提高了石材瓷砖复合板的施工效率与施工安全，并降低了安装成本。

2. 可弯曲薄石板

可弯曲薄石板的厚度不超过 2 mm，每平方米质量不超过 2 kg，标准尺寸为 610 mm × 1 220 mm，最大尺寸可达 1 220 mm × 2 440 mm。可弯曲薄石板的天然石纹理超过 20 种，有普通、透光、织布三大系列。可弯曲薄石板具有不易碎、超轻、超薄、防火、耐磨、有弹性、可弯曲、无辐射、适用面广、安装运输成本低等特点，广泛应用于建筑外墙、背景墙、吊顶、房门、柜门的装饰中。其最大特点是可弯曲，对于柱面、弧面的包裹变得易行，安装时无需再制作支撑结构，显著降低了施工费用。

3. 石材铝蜂窝板

石材铝蜂窝板一般采用 3～5 mm 厚的石材面板和 10～25 mm 厚的铝蜂窝板，经过专用胶黏剂粘接复合而成（图 4-63）。它是一种新型建筑材料，具有比普通天然石材更好的抗冲击性能，每平方米质量仅为 8～11 kg，克服了天然石材质量大、易碎等缺陷。

图 4-63　石材铝蜂窝板制品

任务四　石材装饰材料施工工艺

天然大理石、花岗岩在现在的装饰工程中应用广泛，从家居装饰到商业、景观工程中无处不在。

一、墙面石材传统湿贴法施工工艺

墙面石材传统湿贴法施工流程如下。

1. 基层处理

首先清扫混凝土墙面的灰尘、油污；平整墙面后，对其表面进行凿毛处理；然后浇水冲洗。在安装前，基层上先刮一道（掺水泥质量为5%的建筑胶）素水泥浆，形成一道防水层，防止雨水渗入板内。石材板背面应清除浮尘，并用清水洗净，以提高其粘接性能。石材在施工前3天应刷氧化硅密封防护剂，以防石材出现盐析、水渍现象，并对石材进行六面体防护。

2. 弹线

先将石材饰面的墙面、柱面用大线垂（层高较高时用经纬仪）从上至下找垂直弹线。须考虑石材厚度、灌注砂浆的空隙和钢筋网所占的尺寸，大理石、花岗石板材的外皮距结构面一般为 50～70 mm。

找好垂直后，先在地面、顶面上弹出石材安装外廓尺寸线；再按石材板块的规格在基准线上弹出石材就位线。弹线时注意按设计要求留出缝隙。

3. 按施工图尺寸要求焊接和绑扎钢筋骨架

清理墙面后，在墙上打膨胀螺栓，将钢筋与膨胀螺栓焊接在一起。然后焊接或绑扎直径 6～8 mm 的竖向钢筋，再焊接或绑扎直径为 6 mm 的横向钢筋。如果板材高度为 600 mm，第一道横向钢筋在地面以上 1 000 mm 处与竖向钢筋绑扎牢固；第二道横向钢筋绑扎在饰面石材上口下方 20～30 mm 处，再往上每 600 mm 扎一道横向钢筋即可。

4. 饰面板背面钻孔挂丝

将已编好号的饰面板放在操作支架上，用台钻在每块板的上下两个面各打两个孔，孔的位置在板的两端约为板宽的 1/4 处，孔径为 5 mm，深度为 30～50 mm。孔位以距板材背面 8 mm 为宜，若饰面板较大可以增加孔数。

钻孔后用云石机在石材背面的孔壁处剔一道深 5 mm 左右的槽，形成"象鼻眼"。当饰面板规格较大，施工中板材下端不好绑铜丝时，可在未镶贴饰面板的一侧用云石机在板高的 1/4 处的上、下各开一槽，槽长 30～40 mm，槽深 12 mm，并与饰面板背面打通。

将石材侧面方向的竖槽居中或稍偏外，不得损坏饰面，不得造成石材表面返碱。将铜丝卧入槽内，与钢筋网固定，然后穿铜丝。把备好的铜丝剪成长 200 mm 左右的分段，铜丝一端从板后的槽孔穿入孔内，铜丝打回头后用胶黏剂固定牢固；铜丝另一端从板后的槽孔穿出，呈弯曲状卧入槽内。铜丝穿好后，石材的上下侧边不得有铜丝突出，以便和相邻石板接缝严密。

5. 安装固定

将埋好铜丝的石板就位，将石板上口略向外仰，把石板下口铜丝扎在横向钢筋上；然后将板材扶正，将上口铜丝扎紧，用木楔垫稳，石板与基层之间的间隙一般为 30～50 mm（灌浆厚度）。随后用钢卷尺与水平尺检查表面平整度与上口水平度。

柱子一般从正面开始,按顺时针方向逐层安装。第一层安装固定完后应用靠尺调整垂直度,用水平尺调整平整度和阴(阳)角方正。如发现石板规格不准确或石板之间的间隙不符合要求,应在石板上口用木楔调整,下沿加垫薄钢板或钢丝进行找平,完成第一块板后,其他依此进行。经垂直、平整、方正校正后,开始调制熟石膏。调制时应掺入20%水泥,加水调制成粥状,贴于石板上下之间,将两层石板结成一体;再用靠尺检查水平度,等石材硬化后方可灌浆。

6. 灌浆

空鼓是石材墙面需要预防的关键问题。施工时应充分湿润基层,将1∶2.5的水泥砂浆加水调成粥状,开始灌浆。灌浆时注意不要碰触石材面板,边灌浆边用橡胶锤轻轻敲击石材面板,使灌入砂浆排气。第一次灌入高度为150 mm左右,注意不能超过石材面板高度的1/3。灌完后静置1~2小时,砂浆初凝后检查是否有移动,再进行第二次灌浆,灌浆高度一般为200~300 mm。二次灌浆初凝后进行第三次灌浆,至板上口50~100 mm为止。值得注意的是,必须防止临时固定石板的石膏块掉入砂浆内,因为石膏会导致外墙面泛白、泛浆。柱面灌浆前应用木方钉成槽形木卡子,双面卡住石板,以防灌浆时石板外移。

7. 嵌缝

全部石板安装完毕后,清除所有石膏和余浆痕迹,石板面擦洗干净并按设计要求调制色浆,开始嵌缝。嵌缝时要缝隙密实、宽窄均匀、干净整齐、颜色一致。

8. 养护

板材安装完毕后,应进行擦拭或用高速旋转的帆布擦磨,然后抛光上蜡。

> **知识链接**
>
> **墙面石材传统湿贴法的质量要求**
>
> (1)石材面板的品种、规格、颜色和性能应符合设计要求及国家现行标准的有关规定。
>
> (2)石材面板孔、槽的数量、位置和尺寸应符合设计要求。
>
> (3)石材面板安装工程的预埋件(或后置埋件)、连接件的材质、数量、规格、位置、连接方法和防腐处理应符合设计要求。后置埋件的现场拉拔力应符合设计要求。石材面板安装应牢固。
>
> (4)采用满粘法施工的石材面板工程,石材面板与基层之间的粘结料应饱满、无空鼓。石材面板粘结应牢固。
>
> (5)石材面板表面应平整、洁净、色泽一致,应无裂痕和缺损,石材面板表面应无泛碱等污染。
>
> (6)石材面板填缝应密实、平直,宽度和深度应符合设计要求,填缝材料的色泽应一致。

（7）采用传统湿贴法施工的石材面板安装工程，石材面板应进行防碱封闭处理。石材面板与基体之间的灌注材料应饱满、密实。

（8）石材面板上的孔洞应套割匹配，边缘应整齐。

二、墙面石材干挂法施工工艺

石材干挂法又名空挂法，是石材饰面装修的一种施工工艺。该方法以金属挂件将饰面石材直接吊挂于墙面或空挂于钢架之上，不需再灌浆粘贴。其原理是在主体结构上设主要受力点，通过金属挂件将石材固定在建筑物上，形成石材装饰幕墙。墙面石材干挂法如图4-64所示。

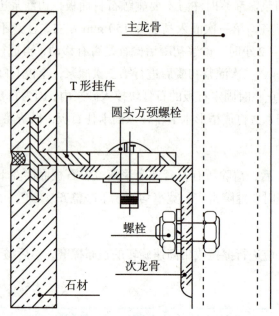

图 4-64　墙面石材干挂法

1. 石材干挂法工艺流程

（1）测量放线

以 500 mm 线定柱子或墙体的水平线，根据二次设计图样弹出型钢龙骨的位置线；每个大角下吊垂线，给出大角垂直控制线。放线完成后进行自检复线，复线无误再进行正式检查，合格后方可进行下一步工序。

（2）外墙基层处理

将外墙表面的灰尘、污垢、油渍等清理干净，然后洒水湿润，再满涂一层防水涂料。

（3）龙骨安装与连接件焊接

根据施工图具体要求在墙体上按不锈钢膨胀螺栓的位置钻孔打洞，将不锈钢膨胀螺栓涂满环氧树脂胶黏剂后装入孔内，拧紧胀牢。

主龙骨采用槽钢，次龙骨采用角钢，在安装前进行钢材的除锈处理，并刷防锈漆。主、次龙骨采用焊接连接。先按确定的中心线将主龙骨就位，然后定位焊固定，主龙骨与预埋件要双边满焊。主龙骨安装完毕后按墙面分块线安装次龙骨。主、次龙骨要满焊，焊接完成后把焊缝处清理干净，并补防锈漆。

连接件采用角钢与结构预埋件三面围焊，焊接完成后，经检验合格再刷防锈漆。次龙骨与挂件的连接采用不锈钢螺栓，次龙骨应根据螺栓位置开长孔，并与舌板相互配合调整位置。龙骨的安装位置必须符合挂板的安装要求（图4-65）。

（4）石板钻孔及安装挂件

直孔用台钻打眼，钻孔时使钻头直对板材的表面，在每块石材的上下端面距离板端1/4处，居板厚中心打孔，孔的直径为5 mm、深18 mm。板宽≤600 mm时，上下端面各打2个孔；板宽≥900 mm时，可共打8个孔。

图4-65　外墙石材干挂龙骨施工

将角钢挂件临时安装在M10×110 mm的膨胀螺栓上安装挂件时（螺母不要拧紧），再将平板挂件用8 mm螺栓临时固定在不锈钢角钢挂件上（螺母不要拧紧）。如果是T形不锈钢挂件，其位置可通过挂件螺栓孔的自由度进行调整。板面垂直无误后，再拧紧膨胀螺栓，膨胀螺栓拧紧程度以不锈钢弹簧垫完全压平为准，隐检合格后方可进行下道工序。

（5）安装石板

根据已选定的饰面石板编号将石板临时就位，并将销钉锚入石板的钻孔内。利用角钢挂件对石板的位置（高低、上下、前后、左右）、垂直度、平整度等进行调整，要求板缝间隙为8 mm。调整完成后将不锈钢角钢挂件、平板挂件上的螺母拧紧，在钻孔部位填抹环氧树脂。

（6）清理、嵌缝与打蜡、抛光

安装完毕后，将接缝中的污垢、粉尘清理干净，完成后在板缝中填塞耐候密封胶进行嵌缝封口。全部施工完成后，彻底清除板材表面的污垢、浮尘，然后打蜡并抛光。

2. 石材干挂法施工质量要求

（1）石材面板的品种、规格、颜色和性能应符合设计要求及国家现行标准的有关规定。

（2）石材面板孔、槽的数量、位置和尺寸应符合设计要求。

（3）石材面板安装工程的预埋件（或后置埋件）、连接件的材质、数量、规格、位置、连接方法和防腐处理应符合设计要求。后置埋件的现场拉拔力应符合设计要求。石材面板安装应牢固。

（4）石材面板表面应平整、洁净、色泽一致，应无裂痕和缺损，石材面板表面应无泛碱等污染。

（5）石材面板填缝应密实、平直，宽度和深度应符合设计要求，填缝材料的色泽应一致。

（6）石材面板上的孔洞应套割匹配，边缘应整齐。

知识链接

装饰石材施工准备

1. 材料要求

（1）石材

根据设计要求确定石材的品种、颜色、花纹和尺寸，仔细检查石材的抗折、抗拉、抗压、吸水率、耐冻融循环等性能。

（2）石材防护剂

石材防护剂是一种密封防护剂，以防石材出现盐析、水渍现象。

（3）防锈漆

防锈漆主要涂刷在金属或金属焊接部位，起到防锈作用。

（4）其他

膨胀螺栓、连接件、垫板、垫圈、螺母等的质量必须符合设计要求。

2. 主要机具

装饰石材施工的主要机具如下。

切割机、手持式电钻、电动式旋转锤钻、水平尺、墨斗、泥抹子、锯子、台钻、角磨机、水平仪、灰刀、钢卷尺（图4-66）。

（a）

（b）

图4-66 手持式电钻和电动式旋转锤钻

> 装饰石材的施工工艺有很多种,直接粘贴法用于薄型的小规格石材,挂贴法用于室内外墙面的大型石材镶贴。挂贴法分为湿贴法与干挂法两种,湿贴法又分为传统湿贴法和改进湿贴法,多用在多层或高层建筑的首层施工中,适用于砖基层和混凝土基层。干挂法多用于 30 m 以下的钢筋混凝土结构,注意砖墙和加气混凝土墙体在建造时需作加固处理,否则不得选用干挂法施工。

三、墙面石材直接粘贴法施工工艺

墙面石材直接粘贴法适用于偏薄的小规格石材,一般厚度为 10 mm 以下、边长小于 400 mm 的墙面石材可采用直接粘贴法。墙面石材直接粘贴法工艺流程如下。

1. 进行基层处理和吊垂直、套方、找规矩

注意同一墙面不得有一排以上的非整材,并应将非整材镶贴在较隐蔽的部位。

2. 抹底层砂浆

在基层湿润的情况下,先刷界面剂胶素水泥浆一道,随刷随打底。底灰采用 1∶3 水泥砂浆,厚度约 12 mm,分两遍操作;第一遍约 5 mm,第二遍约 7 mm。待底灰压实刮平后,将底灰表面划毛。

3. 石材表面处理

石材表面充分干燥后(含水率应小于 8%),用石材防护剂进行石材的六面体防护处理,此工序必须在无污染的环境下进行(图 4-67)。操作时将石材平放,用羊毛刷蘸上防护剂均匀涂刷于石材表面,涂刷必须到位。第一遍涂刷完间隔 24 小时后,用同样的方法涂刷第二遍石材防护剂。如采用水泥或胶黏剂固定,间隔 48 小时后对石材的粘结面用专用胶泥进行拉毛处理,拉毛胶泥凝固硬化后方可使用。

图 4-67　用石材防护剂进行石材的防护处理

4. 镶贴块材

待底灰凝固后便可进行分块弹线,弹线完成后将已湿润的块材抹上厚度为 2～3 mm 的素水泥浆(内掺水泥质量 20% 的界面剂)进行镶贴,用木锤轻敲,用靠尺找平找直。

四、室内石材地面干铺法施工工艺

室内石材地面干铺法工艺流程如下。

1. 基层处理

检查基层的平整度，符合要求后将基层表面清扫干净，并洒水湿润。

2. 弹线

对地面找好标高，在四周立面上弹出板块的标高控制线。在准备铺贴的地面上弹出"十"字中心线后，根据铺贴地面尺寸、板块尺寸计算纵、横方向板块的排列块数；最后确定板块的排列方式。对于与走道地面相通的门口处，要与走道地面拉通线，以"十"字中心线为中心对称分块布置。若室内地面与走道地面的颜色不同，分界线应放在门口门扇的中间处，但收边不应在门口处，以免出现非整砖。对于浴室、厕所等有排水要求的地方，应弹出泛水标高线。

3. 安装标志块

根据弹出的"十"字中心线及设计要求在相应地面的位置上贴好分块标志块。

4. 试拼、预排

根据设计图案要求、弹线与标志块确定铺砌的位置和顺序。在确定的位置上用板块按设计要求的图案、颜色及纹理进行试拼。试拼后按要求对板块进行预排、编号，并浸水湿润，阴干至表面无明水，随后按编号堆放备用。

5. 铺水泥砂浆结合层

先刷素水泥浆一遍，再铺1∶3干硬性水泥砂浆，厚度约为30 mm，并用刮杠刮平，用铁抹子拍平压实，然后进行试铺。铺好后用橡胶锤轻击，听其声音判断铺贴是否密实，若有空隙应及时补浆。试铺完一定时间后将板揭起，在找平层上再刷素水泥浆一遍，同时应在板块背面洒水一遍，然后将板块复位铺砌。

6. 铺板块

铺贴时，板块要四角同时下落，对齐缝格铺平（石板间缝宽不大于1 mm），并用橡胶锤敲击平实，并用水平靠尺检查，如发现空隙、板凹凸不平或接缝不直，应将板块掀起加浆、减浆或修缝。铺完第一块后由中间向两侧和后退方向顺序铺砌。铺好一排，拉通线检查一次平直度（图4-68）。

7. 灌浆

铺装完2～3天后进行灌浆作业。依据

图4-68 铺板块

石材颜色调配与之相同颜色的矿物颜料，与水泥搅拌均匀成 1∶1 稀水泥浆，小心灌入板缝，同时将板面水泥浆清净，覆以面层保护。

8. 贴踢脚板

根据墙面标高线测出踢脚板上口标高，先用 1∶3 水泥砂浆打底，然后采用 2～3 mm 厚的聚合物砂浆进行粘贴。24 小时后采用同色水泥浆擦缝。

9. 清理、打蜡

各个工序完工，不再上人后，将地面清扫干净方可打蜡。

> **知识链接**
>
> **室内石材地面干铺法质量要求**
>
> （1）石材面层表面应洁净、平整、无磨痕，且图案清晰、色泽一致、接缝平整、周边顺直，板块无裂纹、缺棱、掉角等缺陷。
>
> （2）面层与下一层应结合牢固，无空鼓。
>
> （3）面层表面的坡度应符合设计要求，不倒（泛）水，无积水；与地漏、管道的结合处应严密牢固、无渗漏。
>
> （4）踢脚板表面应洁净、高度一致、结合牢固，踢脚板的出墙厚度应一致。
>
> （5）楼梯踏步和台阶板块的缝隙宽度应一致、齿角整齐；楼层梯段相邻踏步的高度差不应大于 10 mm；防滑条应顺直牢固。

> **思政链接**
>
> 建筑设计类专业的学生不仅要具备过硬的专业知识，更要具备良好的职业道德。要培养爱岗敬业的精神，要明白在社会主义制度条件下，人民群众的工作只有分工不同，没有的高低贵贱的区分，"三百六十行，行行出状元"。只要对自己的专业充满信心，由衷喜爱，做到干一行、爱一行，就一定能够在专业领域中获得骄人成绩，实现自我人生价值。

课 后 习 题

一、填空题

1. 天然石材来自岩石，岩石按形成条件可分为_____、_____和变质岩三大类。

2. 装饰石材主要分为_____和_____两大类。

3. 花岗石板材按表面加工工艺可分为_____、亚光板材和镜面板材。

4．砂岩的化学成分主要是二氧化硅和三氧化二铝。砂岩的化学成分变化很大，主要取决于＿＿＿＿＿＿和＿＿＿＿＿＿的成分。

二、判断题

（　　）1．室内石材地面铺设时，若室内地面与走道地面的颜色不同，分界线应放在门口门扇的中间处，但收边不应在门口处，以免出现非整砖。

（　　）2．墙面石材直接粘贴法适用于大规格的块材。

（　　）3．石材瓷砖复合板是以常用石材和陶瓷为原料制成的一种建筑材料，这种板材是一种复合型材料，一般比较薄，常用的品种只有 20 mm 厚度。

（　　）4．微晶玻璃人造石材又叫微晶石，是一种新型装饰建筑材料，其中的复合微晶石称为微晶玻璃复合板材。

项目五

金属装饰材料与施工工艺

📌 项目概述

金属作为建筑装饰材料有着悠久的历史。在现代建筑中,金属材料更是以它独特的性能赢得了设计和施工人员的青睐,从高层建筑的铝合金窗到围墙、栅栏、阳台、入口、柱面等,金属材料无处不在。

金属装饰材料是指由一种金属元素构成或由一种金属元素同其他金属或非金属元素组合构成的装饰材料的总称。用于建筑装饰的金属材料主要有金、银、钢、铝、铜及它们的合金,特别是钢和铝合金更以优良的性能、较低的价格而被广泛使用。在建筑装饰工程中主要使用的是金属材料的板材、型材及其制品。现代各种涂装工艺的产生和发展,不但改变了金属装饰材料的抗腐蚀能力,还赋予了金属材料多变、华丽的外表,更加确立了金属材料在室内外装饰工程中的地位。

📌 学习目标

👤 知识目标
(1)了解金属装饰材料的分类及特性。
(2)了解金属装饰材料的施工工艺。

👤 能力目标
(1)能够根据装饰风格选择和搭配金属装饰材料。
(2)能根据实际情况合理运用金属装饰材料。

👤 素质目标
(1)调研金属装饰材料的市场情况。
(2)了解金属装饰材料的行业发展情况。

📌 思政目标

(1)培养学生的组织协调能力、团结协作、相互学习的集体主义精神,具有自主学习新知识、新技术、主动查阅资料,不断积累经验,善于举一反三的能力。

(2)培养学生的政治修养和道德品质,坚守职业道德底线,成长为心系社会并有时代担当的专业人才。

任务工单

一、任务名称

金属装饰材料应用案例汇报。

二、任务描述

全班同学以分组讨论的形式，列举出生活中金属装饰材料的设计案例，搜集相关资料，制作完整的PPT报告。在任务准备的过程中完成表5-1的填写。

表5-1　实训表（一）

姓名		班级		学号	
学时		日期		实践地点	
实训工具	图书馆资料、网络资料、案例实景照片等					

三、任务目的

通过分析、举例、搜集资料的形式，熟练掌握金属装饰材料的设计运用。

四、分组讨论

全班学生以3～6人为一组，选出各组的组长，组长对组员进行任务分工并将分工情况记入表5-2中。

表5-2　实训表（二）

成员	任务
组长	
组员	
组员	
组员	
组员	
组员	

五、任务思考

（1）金属有哪些特点？

（2）常用的金属装饰材料有哪些？

六、任务实施

在任务实施过程中，将遇到的问题和解决办法记录在表5-3中。

表5-3　实训表（三）

序号	遇到的问题	解决办法
1		
2		
3		

七、任务评价

请各小组选出一名代表展示任务实施的成果，并配合指导教师完成表 5-4 的任务评价。

表 5-4　实训表（四）

评价项目	评价内容	分值	评价分值		
			自评	互评	师评
职业素养考核项目	考勤、纪律意识	10 分			
	团队交流与合作意识	10 分			
	参与主动性	10 分			
专业能力考核项目	积极参与教学活动并正确理解任务要求	10 分			
	认真查找与任务相关的资料	10 分			
	任务实施过程记录表的完成度	10 分			
	对金属装饰材料运用的掌握程度	20 分			
	独立完成相应任务的程度	20 分			
合计：综合分数＿＿＿自评（20%）+ 互评（20%）+ 师评（60%）		100 分			
综合评价			教师签名		

任务一　常用金属装饰材料

常用金属装饰材料

金属是以矿石为原材料，经过开采及后期加工而具备专门的用途。在现代建筑中，金属材料品种繁多，尤其是钢、铁、铝、铜及其合金材料，它们耐久、轻盈，易加工、表现力强，这些特质是其他材料所无法比拟的。金属材料还具有精美、高雅、高科技并成为一种新型的"机器美学"的象征。因此，在现代建筑装饰中，被广泛地采用，如柱子外包不锈钢板或铜板，墙面和顶棚镶贴铝合金板，楼梯扶手采用不锈钢管或铜管，隔墙、幕墙用不锈钢板等。

金属材料通常分为黑色金属和有色金属两大类。黑色金属的基本成分为铁及其合金，如钢和铁；有色金属是除铁以外的其他金属及其合金的总称，如铝、铜、铅、锌、锡等及其合金。

合金是指由两种以上的金属元素，或者金属与非金属元素所组成的具有金属性质的物质。钢是铁和碳所组成的合金，黄铜是铜和锌组成的合金。

知识链接

金属的特点

大多数天然金属暴露在室外的，都需要保护以防损坏，不同的金属有不同的性质和用途。

铁硬而脆，必须浇铸成形。钢坚硬而又在受热时富有韧性，由于它具有较强的抗拉力,而被做成结构所需的形式来使用。铝很轻,被用作较小的结构性框架、幕墙、窗框、门、防雨板和许多种类的五金件。铜合金是极良好的导电体,但最常用于屋面、防雨板、五金件和管道用具。当外露在空气里时,铜会氧化,并会生成一层"铜绿",从而阻止进一步锈蚀。黄铜和青铜则是更优良的可塑性合金,因而常被用做装饰五金件。

一、钢材及其制品

钢材是含有铁和碳可延展性的合金,根据含碳量进行熔化并精炼而成。

由于钢材本身耐火性能差,高温下会失去承载力后发生变形,传统中把钢铁作为建筑的结构材料时,往往表面包裹上一层厚厚的防火材料。但随着建筑审美意识的演变,逐渐将结构表现作为建筑美学的新分支。当代建筑师利用钢结构构件在建筑设计中创造出了新的风格,例如,建筑师拉菲尔·维诺里和结构工程师渡边邦夫设计的东京国际会议中心,整幢建筑中最具代表性的空间——梭形玻璃大厅,就是采用钢结构和玻璃材料创造出来的(图5-1)。玻璃大厅内部像一个巨大通透的船体空间,给人以强烈的视觉冲击力和艺术感染力。

图5-1 东京国际会议中心大厅

在普通钢材基体中添加多种元素或在基体表面上进行艺术处理,可使普通钢材仍不失为一种金属感强、美观大方的装饰材料。

常用的装饰钢材有不锈钢及制品、建筑压型钢板、塑料复合镀锌钢板、彩色涂层钢板门窗、轻钢龙骨、铸铁等。

1. 不锈钢及制品

在装修工程中,不锈钢材的应用越来越广泛(图5-2)。不锈钢是不易生锈的钢,有含13%铬的不锈钢,还有含18%铬、8%镍(Ni)的18-8不锈钢等,其耐腐蚀性强,表面光洁度高,为现代装修材料中的重要材料之一。但不锈钢并非绝对不生锈,保养工作也十分重要。

不锈钢装饰制品主要有以下几种。

（1）彩色不锈钢装饰制品

彩色不锈钢板是在不锈钢板上进行着色处理，使其成为蓝、灰、紫、红、绿、金黄、橙等各种绚丽多彩的不锈钢板，色泽随光照角度改变而产生变幻的色调。耐高温，不脱色，耐盐雾腐蚀性能超过一般不锈钢，耐磨和耐刻画性能相当于箔层镀金的性能（图5-3）。

图5-2　不锈钢装饰材料的运用　　　　图5-3　彩色不锈钢装饰制品

（2）不锈钢装饰制品

不锈钢装饰制品除板材外，还有管材、型材，如各种弯头规格的不锈钢楼梯扶手，以轻巧、精制、线条流畅展示了优美的空间造型，使周围环境得到了升华。拉手、五金与晶莹剔透的玻璃，使建筑达到了尽善尽美的境地。

不锈钢龙骨是近几年才开始应用的，其刚度高于铝合金龙骨，因而具有更强的抗风压性和安全性；并且光洁、明亮，主要用于高层建筑的玻璃幕墙中（图5-4）。

（3）中分式微波自动门

中分式微波自动门的传感系统是采用国际流行的微波感应方式，当人或其他活动目标进入传感器的感应范围时，门自动开启，离开感应范围后，门自动关闭，如果在感应范围内静止不动3 s以上，门扇将自动关闭。其特点是门运行时有快、慢两种速度自动变换，使起动、运行、停止等动作达到最佳协调状态。同时，可确保门扇之间的柔性合缝，即使门意外地夹人或门体被异物卡阻时，自控电源具有自动停机功能。

（4）感应式微波旋转不锈钢自动门

感应式微波旋转不锈钢自动门是一种由固定扇、活动扇和圆顶组成的较大型门，外观华丽、造型别致、密封性好，适用于高级宾馆、俱乐部、银行等建筑。只限于人员出入，而不适用于货物通过（图5-5）。

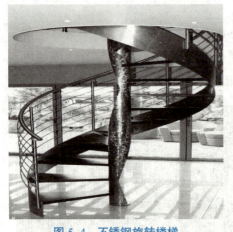
图 5-4　不锈钢旋转楼梯

图 5-5　感应式微波不锈钢自动门

不锈钢微波自动门不仅起着出入口的作用，其造型、功能、选材都对建筑物的整体效果产生着极大的影响。主要适用于机场、计算机房、高级净化车间、医院手术室以及大厦门厅等处。

使用建筑装饰用不锈钢板，应注意掌握以下原则。

表面处理决定装饰效果，由此可根据使用部位的特点去追求镜面效果或亚光风格，还可设计加工成深浅浮雕花纹等。

根据所处环境，确定受污染与腐蚀程度，选择不同品种的不锈钢。

不同类型、厚度及表面处理都会影响工程造价。为此，在保证使用的前提下，应十分注意选择不锈钢板的厚度、类型及表面处理形式。

2. 建筑压型钢板

使用冷轧板、镀锌板、彩色涂层板等不同类别的薄钢板，经辊压、冷弯而成，其截面呈 V 型、U 型、梯型或类似这几种形状的波形，称之为建筑用压型钢板（简称型板）。

压型钢板具有质量轻（板厚 0.5～1.2 mm）、波纹平直坚挺、色彩鲜艳丰富、造型美观大方、耐久性强（涂敷耐腐涂层）、抗震性高、加工简单、施工方便等特点，广泛用于工业与民用建筑及公共建筑的内外墙面、屋面、吊顶等的装饰以及轻质夹芯板材的面板等（图 5-6）。

图 5-6　压型钢板

3. 塑料复合镀锌钢板

塑料复合板是在钢板上覆以 0.2 ~ 0.4 mm 半硬质聚氯乙烯塑料薄膜而成。它具有绝缘性好、耐磨损、耐冲击、耐潮湿的特点以及良好的延展性与加工性,可弯曲成180°。塑料层不脱离钢板,既改变了普通钢板的乌黑面貌,又可在其上绘制图案和艺术条纹,如布纹、木纹、皮革纹、大理石纹等,该复合板可用作地板、门板、天花板等。

复合隔热夹芯板是采用镀锌钢板作面层,表面涂以硅酮和聚酯,中间填充聚苯乙烯泡沫或聚氨酯泡沫制成的(图5-7);具有质轻、绝热性强、抗冲击、装饰性好等性能;适用于厂房、冷房、大型体育设施的屋面及墙体。

图 5-7　复合隔热夹芯板

4. 彩色涂层钢板门窗

彩色涂层钢板门窗也称涂色镀锌钢板门窗(图5-8)。它是一种新型金属门窗,具有质量轻、强度高、采光面积大、防尘、隔声、保温密封性能好、造型美观、色彩绚丽、耐腐蚀等特点。因此,可以代替铝合金门窗用于高级建筑物的装修工程。

涂色镀锌钢板门窗也分有平开式、推拉式、固定式、立悬式、中悬式、单扇及双扇弹簧门等;可配用各种平板玻璃、中空玻璃,颜色有红、乳白、棕、蓝等。

图 5-8　彩色涂层钢板门窗

5. 轻钢龙骨

龙骨是指罩面板装饰中的骨架材料。罩面板装饰包括室内隔墙、隔断、吊顶(图5-9)。

与抹灰类和贴面类装饰相比，罩面板大大减少了装饰工程中的湿作业工程量。

以冷轧钢板（带）、镀锌钢板（带）或彩色喷塑钢板（带）作为原料，采用冷弯工艺生产的薄壁型钢称为轻钢龙骨。按断面分，有U型龙骨、C型龙骨、T型龙骨及L型龙骨（也称角铝条）。按用途分，有墙体（隔断）龙骨（代号Q）、吊顶龙骨（代号D）；按结构分，吊顶龙骨有承载龙骨，覆面龙骨。墙体龙骨有竖龙骨、横龙骨和通贯龙骨。

轻钢龙骨防火性能好，刚度大，通用性强，可装配化施工，适应多种板材的安装；多用于防火要求高的室内装饰和隔断面积大的室内墙。

图5-9 轻钢龙骨吊顶

6. 铸铁

铸铁是铁合金，它被倒入型砂模，而后又被机器加工成需要的形状。在铁被用来当作建筑材料之前，它已被加工成各种工具和武器。铸铁和锻铁构成了装饰性要素。维多利亚时期建筑对铁适于装饰的可变性质以及适于早期高层建筑的结构都进行过探索。到了新艺术运动时，铸铁不但被用作建筑物装饰性的细部，而且让它发挥工艺美术的作用。

装饰铸铁被用于格栅（图5-10）、大门、终端装饰、五金件和无数的其他建筑附件。其他的装饰性金属，如青铜、黄铜、紫铜、铝和不锈钢，并不应用于主要构造部分，它们被更换充做内镶嵌材料。上述材料包括铜板、铝板、不锈钢和上釉金属合金板。

图5-10 铸铁格栅

> **知识链接**
>
> **以金属材料为主的建筑**
>
> 　　从古到今,金属材料在建筑上的应用都颇为广泛。金属作为一种广泛应用的装饰材料具有永久的生命力。以各种金属作为建筑装饰材料,有着源远流长的历史。北京颐和园中的铜亭,山东泰山顶上的铜殿,云南昆明的金殿,西藏布达拉宫金碧辉煌的装饰等(图5-11),极大地赋予了古建筑独特的艺术魅力。在现代建筑中,金属材料更是以它独特的性能——耐腐、轻盈、高雅、光辉、质地、力度,赢得了建筑师的青睐。从高层建筑的金属铝门窗到围、栅栏、阳台、入口、柱面等,金属材料无所不在,金属材料从点缀并延伸到赋予建筑奇特的效果。
>
> 　　如果说世界著名的建筑埃菲尔铁塔是以它的结构特征,创造了举世无双的奇迹,那么法国蓬皮杜文化中心则是金属的技术与艺术有机结合的典范(图5-12),创造了现代建筑史上独具一格的艺术佳作。
>
>
>
>
> 图5-11　西藏布达拉宫　　　　　　　图5-12　法国蓬皮杜文化中心

二、铝材及其制品

金属装饰材料有各种金属及合金制品,如铜和铜合金制品、铝和铝合金制品、锌和锌合金制品等,但应用最多的还是铝与铝合金以及钢材及其复合制品。

铝属于有色金属中的轻金属,银白色,比重为2.7,熔点为660 ℃,铝的导电性能良好,化学性质活泼,耐腐蚀性强,便于铸造加工,可染色。极有韧性,无磁性,有很好的传导性,对热和光反射良好,并且有防氧化作用。在铝中加入镁、铜、锰、锌、硅等元素组成铝合金后,其化学性质发生了变化,机械性能明显提高。

铝合金可制成平板、波形板或压型板,也可压成各种断面的型材。表面光平,光泽中等,耐腐蚀性强,经阳极化处理后更耐久;广泛运用于墙体和屋顶上。有各种断面形状的挤压成形的铝材,主要用于格栅状物、窗户和门框。这种材料的表面常镀上"阳极氧化层",这是一种坚固无孔的表面氧化膜,可以防止铝材损坏。在许多不同的装饰中,这样的覆盖层常用得上。

1. 铝锰合金

防锈铝为该合金的典型代表。其突出的性能是塑性好、耐腐蚀、焊接性优异。加锰后有一定的固溶强化作用，但高温强度较低。适用于受力不大的门窗、罩壳、民用五金、化工设备中。现代建筑中铝板幕墙采用的是铝锰合金（图5-13）。

2. 铝镁合金

铝镁合金的性能特点是抗蚀性好，疲劳强度高，低温性能良好，即随温度降低，抗拉强度、屈服强度、伸长率均有所提高，虽热处理不可强化，但冷作硬化后具有较高强度。常将其制作成各种波形的板材，它具有质轻、耐腐、美观、耐久等特点。适用于建筑物的外墙和屋面，也可用于工业与民用建筑的非承重外挂板（图5-14）。

图5-13　铝板幕墙　　　　图5-14　西班牙毕尔巴鄂古根海姆博物馆

3. 铝及铝合金的应用

铝合金以它所特有的力学性能广泛应用于建筑结构，如美国用铝合金建造跨度为66 m的飞机机库，大大降低结构物的自重。日本建造了硕大无比的铝合金异形屋顶，轻盈新颖。我国航天工业部第四规划设计研究院在首都机场72 m大跨度波音747飞机库设计中，采用彩色压型铝板作两端山墙，壮观美丽，效果显著。

除此之外，铝合金更以独特的装饰性领先于建筑装饰材料领域，如日本高层建筑98%采用了铝合金门窗。我国南极长城站的外墙采用了轻质板，其他的外层为彩色铝合金板，内层为阻燃聚苯乙烯、矿棉材料等，具有轻质、高强、美观大方、施工简便、隔热、隔声等特点。近几年，各种铝合金装饰板应运而生，在建筑装饰中大显风采，铝板幕墙作为新型外墙围护材料，极大地表现了现代建筑的光洁与明快。

4. 装饰铝及铝合金制品

(1) 铝合金门窗

铝合金门窗在建筑上的使用，已有 30 余年的历史。尽管其造价较高，但由于长期维修费用低，且造型、色彩、玻璃镶嵌、密封材料和耐久性等均比钢、木门窗有着明显的优势，所以在世界范围内得到了广泛应用（图 5-15）。

图 5-15　铝合金窗

表面处理后的型材，经下料、打孔、铣槽、攻丝、组装等工艺，即可制成门窗框料构件，再与连接件、密封件、开闭五金件一起组合装配成门窗。

铝合金门窗按结构与开闭方式可分为推拉窗（门）、平开窗（门）、固定窗（门）、悬挂窗、回转窗、百叶窗、铝合金门还分有地弹簧门、自动门、旋转门、卷闸门等。

铝合金门窗能承受较大的挤推力和风压力，其用材省、质地轻，每平方米门窗 8~12 kg。铝合金门窗采用了高级密封材料，因而具有良好的气密性、水密性和隔声性。其密封性高，空气渗透小，因而保温性较好，铝合金门窗的表面光洁，具有银白、古铜、黄金、暗灰、黑等颜色，质感好，装饰性好，并且不锈蚀，不褪色，使用寿命长。

铝合金门窗主要用于各类建筑物内外，它不仅加强了建筑物立面造型，更使建筑物富有层次。当它与大面积玻璃配合时，更能突出建筑物的新颖性，同时起到了节能降耗、保证室内功能的作用。因此，铝合金门窗广泛用于高层建筑或高档次建筑中。近年来，普通民用住宅中也较普遍地应用这类门窗。

(2) 渗铝空腹钢窗

渗铝空腹钢窗是我国 20 世纪 80 年代末期所开发的一种装饰效果与铝合金窗相差无几的一种新型门窗。有人认为，应属铝合金门窗的一个新品种。因为它具有耐蚀性好（在型材表面形成了一定厚度的渗铝层）、装饰性好（可对渗铝层进行阳极氧化着色处理）、外形美观（采用组角工艺代替焊接工艺，线条挺拔，窗面平整）、价格低廉的特点，适于我国升档换代产品。

由于渗铝空腹钢窗采用的是普通空腹钢窗用型材，且沿用了其结构，因此有安装技术问题时参照普通钢窗安装来处理，施工较为简便。

(3) 铝合金门

铝合金地弹簧门、折叠铝合金门、旋转铝合金门等，广泛应用在大型公共建筑门厅、入口等处。铝合金地弹簧门承载能力大，启闭轻便，维护简便，经久耐用，适用于人流不定的入口。折叠铝合金门是一种多门扇组合的上吊挂下导向的较大型门，适用于礼堂、餐厅、会堂等门洞口宽而又不须频繁启闭的建筑，也可作为大厅的活动隔断，以使大厅功能更趋于完备（图 5-16）。

（4）铝合金百叶窗帘

窗帘在室内装饰方面也发挥着独特的功效，是室内设计者体现整体装饰效应和美感的材料之一。窗帘的种类很多，其中铝合金百叶窗帘以启闭灵活、质量轻巧、使用方便、经久不锈、造型美观、可以调整角度来满足室内光线明暗、通风量大小的要求，也可作遮阳或遮挡视线之用而受到用户的青睐。

铝合金百叶窗帘是铝镁合金制成的百叶片，通过梯形尼龙绳串联而成。拉动尼龙绳可将叶片翻转180°，达到调节通风量、光线明暗等作用。应用于宾馆、工厂、医院、学校和住宅建筑的遮阳和室内装潢设施（图5-17）。

图5-16 铝合金门

图5-17 铝合金百叶窗帘

（5）铝质浅花纹板

以冷作硬化后的铝材作为基质，表面加以浅花纹处理后得到的装饰板称为铝质浅花纹板。它具有花纹精巧别致、色泽美观大方的特点。除具有普通铝板的优点外，刚度相对提高20%，抗污垢、抗划伤、抗擦伤能力均有提高。对白光的反射比为75%～90%，热反射比为85%～95%，作为外墙装饰板材，不但增加了立体图案和美丽的色彩，使建筑物生辉，而且发挥了材料的化学性质。

（6）铝合金扣板

将纯铝或防锈铝在波纹机上，轧制形成的铝及铝合金波纹板和在压型机上压制形成的铝及铝合金型板，是目前世界上被广泛应用的新型建筑装饰材料。它具有质量轻、外形美观、耐久、耐腐蚀、安装容易、施工进度快等优点，尤其是通过表面着色处理可得到各种色彩的波纹板和压型板。

铝合金扣板与传统的吊顶材料相比，质感和装饰感方面更优。铝合金扣板分为吸音板和装饰板两种，吸音板孔型有圆孔、方孔、咬方孔、三角孔、大小组合孔等，底板大都是白色或铝色；装饰板特别注重装饰性，线条简洁流畅，有古铜、黄金、红、蓝、奶白等颜色可以选择。铝合金扣板有长方形、方形等，长方形板的最大规格适用于一般居室的宽度约500 mm，较大居室的装饰选用长条形板材整体感更强，较小房间的装饰一般可选用 500 mm×500 mm 的。

由于金属板的绝热性能较差，为了获得一定的吸音、绝热功能，在选择金属板进行吊顶装饰时，可以利用内加玻璃棉、岩棉等保温吸音材质的办法达到绝热吸音的效果；主要用于天花、墙面和屋面的装修（图 5-18）。

（7）铝塑板

铝塑板由三层组成，表层与底层由 2～5 mm 厚铝合金构成，中层由合成塑料构成，表层喷涂氟碳涂料或聚酯涂料；规格为 1 220 mm×2 440 mm，耐候性强，外墙保证 10 年的装饰效果。耐酸碱、耐摩擦、耐清洗，典雅华贵、色彩丰富、规格齐全、成本低、自重轻、防水、防火、防蛀虫，表面的花色图案变化也非常多，且耐污染、好清洗，有隔音、隔热的良好性能，使用更为安全，弯折造型方便，效果佳。适合用于大型建筑外墙玻璃幕组合装饰，室内墙体、商场门面的装修，大型广告、标语以及车站、机场等公共场所的装修，是室内外理想的装饰板材（图 5-19）。

图 5-18　铝合金扣板吊顶

图 5-19　铝塑板雨蓬

知识链接

铝塑板和铝扣板的工艺区别

铝塑板是在打好龙骨后将木作板钉在龙骨上，每块铝塑板之间要打胶密封，要尽量选择与铝塑板颜色相近的胶，否则会影响整体色彩的协调。

铝扣板是将龙骨卡件固定在龙骨上，然后把铝扣板挂在卡件上，板块间不需要封胶，方便拆换。

铝塑板可以切割、裁切、开槽、带锯、钻孔、加工埋头；也可以冷弯、冷折、冷轧；还可以铆接、螺栓连接或胶合粘结等。

（8）铝合金龙骨

铝合金龙骨多为铝合金挤压而成，质轻、不锈、不蚀、美观、防火、安装方便，特别适用于室内吊顶装饰。从饰面板的固定方法上分类，将饰面板明摆浮搁在龙骨上，往往是与铝合金龙骨配套使用，这样使外露的龙骨更能显示铝合金特有的色调，既美观又大方。铝合金龙骨除用于室内吊顶装饰外，还广泛用于广告栏、橱窗及建筑隔断等。目前在建筑装饰中采用的另一种形式新颖的吊顶为敞开式吊顶，常用的是铝合金格栅单体构件（图 5-20）。

(9) 铝合金花格网

铝合金花格网是由铝合金挤压型材拉制及表面处理等而成的花格网。该花格网有银色、古铜、金黄、黑等颜色,并且外形美观、质轻、机械强度大、式样规格多、不积污、不生锈、防酸碱腐蚀性好。铝合金花格网适用于公寓大厦平窗、凸窗、花架、屋内外设置、球场防护网、栏杆、遮阳、护沟和学校等围墙安全防护、防盗设施与装饰(图5-21)。

图5-20 铝合金格栅天花吊顶

图5-21 铝合金花格网

(10) 铝合金空间构架

铝合金空间构架由杆件互相连接成三角形而构成,用来围护某空间,不同于所有杆件在同一平面上的框架(图5-22)。

(11) 铝箔

铝箔是用纯铝或铝合金加工成 6.3～200 μm 的薄片制品。按铝箔的形状分为卷状铝箔和片状铝箔。按铝箔的状态和材质分为硬质箔、半硬质箔和软质箔。按铝箔的表面状态分为单面光铝箔和双面光铝箔。按铝箔的加工状态分为素箔、压花箔、复合箔、涂层箔、上色箔、印刷箔等。

铝箔厚度为 0.025 mm 以下时尽管有针孔存在,但仍比没有针孔的塑料薄膜防潮性好。铝是一种温度辐射性能极差而对太阳光反射力很强(反射比87%～97%)的金属。在热工设计时常把铝箔视为良好的绝热材料。铝箔以全新的多功能保温隔热材料、防潮材料和装饰材料广泛用于建筑工程。

建筑上应用较多的卷材是铝箔牛皮纸和铝箔布(图5-23),它是将牛皮纸和玻璃纤维布作为依托层用黏合剂粘贴铝箔而成的。牛皮纸用在空气间层中作绝热材料,铝箔布多用于寒冷地区作保温窗帘,炎热地区作隔热窗帘。另外将铝箔复合成板材或卷材,常用于室内或者设备内表面上,如铝箔泡沫塑料板、铝箔石棉夹芯板等,若选择适当色调和图案,可同时起到很好的装饰作用。若在铝箔波形板上打上微孔,还具有很好的吸声作用。

图 5-22 铝合金空间架构

图 5-23 铝箔布

三、其他金属装饰材料

1. 钛锌金属板

钛锌金属板作为室外装饰材料已经应用得非常广泛了,在室内装饰中的应用也越来越多(图 5-24)。将钛、铜与锌混炼,从而制得钛锌合金,再经过轧制成片状、条状或板状的建材板,称为钛锌金属板。钛锌金属板常用厚度有 0.7 mm、0.8 mm、1 mm、1.2 mm 和 1.5 mm。所有钛锌金属板的屋面和幕墙系统均为结构性防水,通风透气,施工过程不使用建筑胶,完全通过咬合、搭接、折叠等方式实现紧密连接。

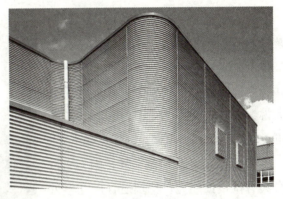
图 5-24 钛锌金属板的应用

2. 钛金属板

钛金属板是一种新型建筑材料,在国家大剧院、杭州大剧院等大型建筑上已得到成功的应用(图 5-25)。

图 5-25 杭州大剧院

钛金属板主要有表面光泽度高、强度高、热膨胀系数低、耐腐蚀性的优异、无环境污染、使用寿命长、力学性能和加工性能良好等特性。钛材本身的各项性能是其他建筑材料不可比拟的。中国国家大剧院近 40 000 m² 的壳体外饰面,有 30 800 m² 是钛金属板,6 700 m² 是玻璃幕墙。其中,2 000 多块尺寸约 2 000 mm × 800 mm × 4 mm 的钛金属板是由钛、氧化铝、不锈钢复合制成的。外层钛表面经过特殊发蓝处理,具有化学性质稳定、强度高、自重小、耐腐蚀等优点。

由钛金属板往内依次是起防水作用的 304 铝镁合金板、起保温作用的玻璃纤维棉板、2 mm 厚钢衬板(衬板内层喷 K13 吸声粉末)、内饰红木吊顶。其中,起防水作用的铝镁合金具有极强的耐腐蚀能力,特别是在酸性环境下,其耐腐蚀性能明显优于钢板和普通铝合金板。内饰红木是经防火处理的条形板,条形板之间留有 30 mm 的空隙用以解决声学和回风问题。

3. 太古铜板

太古铜板是一种很好的屋面、墙面装饰材料。太古铜板为半硬状态,具有极佳的加工适应性,特别适合采用平锁扣和立边咬合的金属屋面(图 5-26)。太古铜板包括原铜(紫色)、预钝化板(咖啡色、绿色)和镀锡铜,其优点如下。

(1)具有不错的耐久性,因为它自身具有抗侵蚀能力,特别适合用在室外环境。

(2)具有良好的韧度,加工性能好,可满足各种造型的屋面。

图 5-26 太古铜板的应用

(3)生命周期长、维护费用少、经济、耐用。

(4)可循环利用,具有环保性。

4. 金属装饰线条

金属装饰线条(压条、嵌条)是一种新型装饰材料,是高级装饰工程中不可缺少的配套材料(图 5-27)。它具有高强度、耐腐蚀的特点。另外,经阳极氧化着色、表面处理后的金属装饰线条,具有外表美观、色泽雅致、耐光性和耐候性好等特点。金属装饰线条有白色、金色、青铜色等多种,适用于现代室内装饰、壁板的边压条。

图 5-27　金属装饰线条的运用

（1）铝合金线条

铝合金线条具有质量小、强度高、耐腐蚀、耐磨、刚度大等特点。其表面经阳极氧化着色处理后，有各种鲜明的色泽，耐光性和耐候性好，其表面还可涂以坚固透明的电镀漆膜，更加美观、耐用。铝合金线条可用于装饰面的压边线、收口线以及装饰画、装饰镜面的框边线，可在广告牌、灯光箱、显示牌、指示牌上当作边框或框架，在墙面或吊顶面作为一些设备的封口线。

铝合金线条还可用于家具上的收边装饰线、玻璃门的推拉槽、地毯收口线等。铝合金线条主要有角边线条、画框线条、地毯收口线条等几种。其中，角边线条又分为等边和不等边两种。

（2）铜合金线条

铜合金线条是用合金铜（即"黄铜"）制成的，其强度高、耐磨、不锈蚀，加工后表面呈金黄色。铜合金线条主要用于地面大理石、花岗岩的间隔线，楼梯踏步的防滑线，地毯压角线，装饰柱及高档家具的装饰线等。

（3）不锈钢线条

不锈钢线条具有强度高、耐腐蚀、耐水、耐磨、耐擦拭、耐气候变化等特点，其表面光洁如镜，装饰效果好，属高档装饰材料（图 5-28）。

不锈钢线条适用于各种装饰面的压边线、收口线、柱角压线等，主要有角线和槽线两类。

> **知识链接**
>
> ### 不锈钢线条收口线的安装方法
>
> 收口线的安装施工方法（以不锈钢线条为例），采用表面无钉条的收口方法，其工艺如下。
>
> 首先，用钉子在收口位置上固定一根木衬条，木衬条的宽、厚尺寸略小于不锈钢线

条槽的内径尺寸。

然后，在木衬条上涂环氧树脂胶（万能胶），在不锈钢线条槽内也涂环氧树脂胶，再将该线条卡装在木衬条上。如不锈钢线条有造型，木衬条也应做出对应造型。不锈钢线条的表面一般贴有一层塑料胶带保护层，该塑料胶带应在饰面施工完毕后再从不锈钢线条梢上撕下来。

最后，不锈钢线条在角位的对口拼接应用45°拼口，截口时应在45°定角器上用钢锯条截断，并注意在截断操作时不要损伤表面。不锈钢线条的截断操作不得使用砂轮片切割机，以防受热后变色；对截断好的拼接面应修平。

（4）金属马赛克

近年来出现的金属马赛克通常给人以"金光闪闪"的感觉（图5-29）。金属马赛克可在一个装饰面上灵活运用各色各样的几何排列，既是颜色的渐变，也可以作为其他装饰材料的点缀，将材料本身的典雅气质和浪漫情调演绎得淋漓尽致。

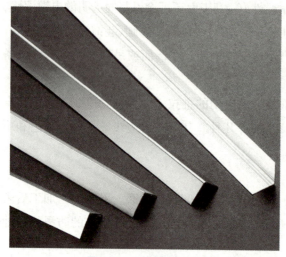

图5-28　不锈钢线条

图5-29　金属马赛克

一般的金属马赛克表面烧有一层金属釉，也有的在马赛克表面紧贴一层金属薄片，上面则是水晶玻璃。表面烧有一层金属釉的马赛克是陶瓷质地，在表面紧贴一层金属薄片的马赛克是玻璃质地，两者都较为常见，但并非真正意义上的金属马赛克，真正的金属马赛克的材料是纯金属。随着金属装饰材料的发展，金属马赛克的工艺也得到了一定的改进，在建筑装饰中也被广泛应用。金属马赛克颗粒的常用尺寸有：20 mm×20 mm、25 mm×25 mm、30 mm×30 mm、50 mm×50 mm和100 mm×100 mm。

知识链接

金属材料的应用实例——国家大剧院

金属材料的技术变幻色通常与光技术的发展结伴而行。灯光照明技术的发展和新型透光材料的运用使得建筑师可以更加主动地把握建筑的色彩，营造出仅依靠材料本身所不能实现的建筑变幻色，从而赋予建筑独特而神秘的魅力。

在我国国家大剧院的设计中保罗·安德鲁（Paul Andreu）就充分利用材料的环境协调色和技术变幻色，以透明的玻璃和富有银色光泽的钛钢复合面板围饰建筑半椭球的"壳"，打造出百变的建筑表皮。

表皮本身的色彩是简洁、高雅、沉稳的，最终却展现出极为复杂多样的表皮映像。一方面具有柔和银色光泽的钛钢复合板因几何化精准的体量而各具不同的空间维度，因而对光线变得异常敏感——建筑的光影几乎随着太阳的升降时刻都发生着微妙的变化。即使在同一时间、相同的光线下，建筑表皮也会呈现出不同明暗渐变的色彩关系。

天空、水体、绿化等环境要素的渲染也为这层壳蒙上多彩渐变的纱衣（图5-30）。另一方面，发达的建筑照明技术为夜晚的"巨蛋"蒙上梦幻般的水晶外衣。无形的灯光将建筑打造成高贵的天蓝色、梦幻的宝蓝色、华丽的暖黄色、暧昧的紫红色……丰富的技术变幻色赋予建筑各种不同的面貌，它既可以是沉稳的、安静的、低调的，也可以是神秘的、活泼的、张扬的。

图5-30　国家大剧院在不同时间段呈现出的不同效果

金属与玻璃是一对相当默契的老搭档，它们合作所带来的光亮、新颖、现代的表皮形象得到广大建筑师及大众的认可，成为至今还风靡全球的一种表现形式，标示了现代建筑表皮的发展方向。

金属与玻璃都是现代化工业生产下的建筑材料，都具有独特的现代科技感、机械感和抽象的艺术感，高度精致细腻及其多样的表面和特殊的光泽成为二者共有的外形特点。充分利用玻璃与金属之间暗与明、虚与实的质感对比，通过合理的组合建构，形成建筑表皮有机穿插组合的虚实对比，在自然光与人工光的双重塑造下，可以打造出日夜交错互换的建筑表皮。

任务二　金属装饰材料施工工艺

一、轻钢龙骨纸面石膏板吊顶施工工艺

1. 施工工艺流程

轻钢龙骨纸面石膏板吊顶施工工艺流程如下。

（1）交接验收

在正式安装轻钢龙骨吊顶之前，需对上一步工序进行交接验收，如结构强度、设备位置、防水管线的铺设等，均要进行认真检查。上一步工序必须完全符合设计和有关规范的标准，否则不能进行后续安装。

（2）找规矩

根据设计和工程的实际情况，在吊顶标高处找出一个基准面与实际情况进行对比，核实存在的误差并对误差进行调整，确定平面弹线的基准。

（3）弹线

弹线的顺序是先竖向标高线后平面造型和细部，竖向标高线弹于墙上，平面造型和细部弹于顶板上。

> **知识链接**
>
> **弹线的要求**
>
> 弹线的要求如下。
>
> 1. 顶棚标高线
>
> 在弹顶棚标高线前，应先弹出施工标高基准线，以施工标高基准线为准，按设计确定的顶棚标高沿室内墙面将顶棚高度量出，并将此高度用墨线弹于墙面上，其水平允许偏差不得大于5 mm。如果顶棚有跌级造型，其标高均应弹出。
>
> 2. 设计造型线
>
> 根据吊顶的平面设计，以房间的中心为准，将设计造型线按照先高后低的顺序逐步弹在顶板上，并注意累计误差的调整。
>
> 3. 吊筋吊点位置线
>
> 根据设计造型线和设计要求确定吊筋吊点的位置，并弹于顶板上。
>
> 4. 吊具位置线
>
> 所有设计的大型灯具、电扇等的吊杆位置，应按照设计要求测量准确，并用墨线弹于楼板的板底上。如果吊具、吊杆的锚固件须用膨胀螺栓固定，应将膨胀螺栓的中心位置一并弹出。

> 5. 附加吊杆位置线
>
> 根据吊顶的具体设计,将顶棚检修走道、检修口、通风口、柱子周边处及其他所有须加"附加吊杆"处的吊杆位置一一测出,并弹于混凝土楼板的板底。

(4)复检

在弹线完成后,对所有弹线进行全面检查复核,如有遗漏或尺寸错误,均应及时补充和纠正。

(5)吊筋制作、安装

吊筋应用钢筋制作,吊筋的固定做法根据楼板种类的不同而不同,具体做法如下。

预制钢筋混凝土楼板设吊筋,应在主体施工时预埋吊筋;如无预埋时,应用膨胀螺栓固定,并保证连接强度。

现浇钢筋混凝土楼板设吊筋,既可预埋吊筋,也可用膨胀螺栓或用射钉固定吊筋,但要保证连接强度。

(6)安装轻钢龙骨

① 安装轻钢主龙骨

主龙骨按弹线位置就位,利用吊件悬挂在吊筋上,待全部主龙骨安装就位后应进行调直、调平、定位。注意将吊筋上的调平螺母拧紧,龙骨中间部分按设计要求起拱。

② 安装副龙骨

主龙骨安装完毕即可安装副龙骨,副龙骨有通长和截断两种。

③ 安装附加龙骨、角龙骨、连接龙骨等

靠近柱子周边增加"附加龙骨"或角龙骨时,按具体设计安装。凡有高低跌级造型的顶棚、灯槽、灯具、窗帘盒等处,应根据具体设计增加连接龙骨(图5-31)。

(7)骨架安装质量检查

① 龙骨荷载检查

在顶棚检修孔周围、高低跌级造型、吊灯、吊扇等处,应根据设计荷载进行加载检查。加载后如龙骨有翘曲、颤动等现象,应增加吊筋予以加强。增加的吊筋数量和具体位置应通过计算确定。

图5-31 安装轻钢龙骨

② 龙骨安装及连接质量检查

对整个龙骨的安装及连接质量进行彻底检查,连接件应错位安装,龙骨连接处的偏差不得大于相关规范的要求。

③ 各种龙骨的质量检查

对主龙骨、副龙骨、附加龙骨、角龙骨、连接龙骨等进行详细的质量检查,如发现有翘曲或扭曲之处以及位置不正、部位不对等现象,均应彻底纠正。

(8)安装纸面石膏板

①选板

普通纸面石膏板在上顶以前,应根据设计的规格、花色、品种进行选板,凡有裂纹、破损、缺棱、掉角、受潮以及护面纸损坏的均应剔除不用。选好的板应平放于有垫板的木架上,以免受潮。

②纸面石膏板安装

在进行纸面石膏板安装时,应使纸面石膏板长边(即包封边)与主龙骨平行,从顶棚的一端向另一端开始错缝安装,要逐块排列,余量放在最后安装。纸面石膏板与墙面之间应留6 mm间隙,板与板之间的接缝宽度不得小于板厚。

(9)纸面石膏板安装质量检查

纸面石膏板安装完毕后,应对其安装质量进行检查。如有整个纸面石膏板顶棚表面平整度偏差大于3 mm、接缝平直度偏差大于3 mm、接缝高低差偏差大于1 mm、纸面石膏板有钉接缝处不牢固等现象时,应彻底纠正。

(10)纸面石膏板缝隙处理

①直角边纸面石膏板顶棚嵌缝

直角边纸面石膏板顶棚嵌缝均为平缝,嵌缝时的一般施工做法如下:用刮刀将嵌缝腻子均匀饱满地嵌入板缝内,并将腻子刮平(与石膏板面齐平)。石膏板表面如需进行装饰,应在腻子完全干燥后施工。

②楔形边纸面石膏板顶棚嵌缝

楔形边纸面石膏板顶棚嵌缝一般采用三道腻子,具体内容如下。

第一道腻子:首先应用刮刀将嵌缝腻子均匀饱满地嵌入缝内,将浸湿的穿孔纸带贴于缝处,用刮刀将纸带用力压平,使腻子从孔中挤出;然后再薄压一层腻子;最后用嵌缝腻子将石膏板上的所有钉孔填平。

第二道腻子:第一道嵌缝腻子完全干燥后,再覆盖第二道嵌缝腻子,使其略高于石膏板表面,腻子宽200 mm左右。另外,在钉孔上也应再覆盖腻子一道,宽度较钉孔大25 mm左右。

第三道腻子:第二道嵌缝腻子完全干燥后,再薄压一层300 mm宽的嵌缝腻子,用清水刷湿边缘后用抹刀拉平,使石膏板面交接平滑。钉孔第二道腻子上也应再覆盖一层嵌缝腻子,并用力拉平使其与石膏板面交接平滑(图5-32)。

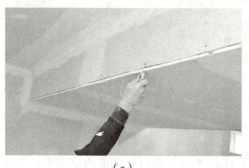

(a)

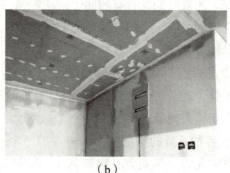

(b)

图5-32 缝隙处理

知识链接

轻钢龙骨纸面石膏板吊顶质量要求

(1)吊顶的标高、尺寸、起拱和造型应符合设计要求。

(2)面层材料的材质、品种、规格、图案、颜色和性能应符合设计要求及国家现行标准的有关规定。

(3)整体面层吊顶工程的吊杆、龙骨和纸面石膏板的安装应牢固。

(4)吊杆和龙骨的材质、规格、安装间距及连接方式应符合设计要求。金属吊杆和龙骨应经过表面防腐处理。

(5)纸面石膏板的接缝应按其施工工艺标准进行板缝防裂处理。安装双层板时,面层板与基层板的接缝应错开,并不得在同一根龙骨上接缝。

2. 成品保护

(1)轻钢龙骨及纸面石膏板安装应注意保护顶棚内的各种管线。轻钢龙骨的吊杆龙骨不准固定在通风管道及其他设备上。

(2)轻钢龙骨、纸面石膏板及其他吊顶材料在入场存放、使用过程中要严格管理,保证不变形、不受潮、不生锈。

(3)施工顶棚部位已安装的门窗,已施工完毕的地面、墙面、窗台等应注意保护,防止污损。

(4)安装完成的轻钢龙骨不得上人踩踏;其他工种的吊挂件不得吊于轻钢龙骨上。

(5)为了保护成品,纸面石膏板安装必须在顶棚内管道、试水、保温等一切工序全部验收后进行。

(6)安装纸面石膏板时,施工人员应戴线手套,以防污染板面。

3. 施工注意事项

(1)顶棚施工前,顶棚内所有管线、空调管道、消防管道、供水管道等必须全部安装就位,并基本调试完成。

(2)吊筋、膨胀螺栓应当全部做防锈处理。

(3)为保证吊顶骨架的整体性和牢固性,龙骨接长的接头应错位安装,相邻三排龙骨的接头不应接在同一直线上。

(4)顶棚内的灯槽、斜撑、剪刀撑等,应按具体设计施工。轻型灯具可吊装在主龙骨或附加龙骨上;重型灯具或电扇则不得与吊顶龙骨连接,而应另设吊钩吊装。

(5)嵌缝石膏粉(配套产品)是以精细的半水石膏粉加入一定量的缓凝剂等加工而成,主要用于纸面石膏板嵌缝及钉孔填平等。

(6)温度变化对纸面石膏板的线胀系数影响不大,但空气湿度则对纸面石膏板的线性膨胀和收缩产生较大影响。为了保证装修质量,避免干燥时出现裂缝,在湿度特别大的环境下一般不嵌缝。

二、铝合金格栅吊顶施工工艺

1. 铝合金格栅吊顶施工工艺流程

铝合金格栅吊顶施工工艺流程如下。

（1）弹线

根据楼层标高水平线和设计标高，沿墙四周弹出顶棚标高水平线和龙骨位置线。要注意是否与水、电工种的标高相矛盾，如有相矛盾的地方要及时解决。

（2）安装吊筋

在弹好顶棚标高水平线后，确定吊杆下端头的标高，将吊杆的上部与预埋钢筋焊接或者用膨胀螺栓固定到结构顶板内；吊杆下部通过连接件连接主龙骨。调节弹簧片挂接在主龙骨上，弹簧片要求镀锌。吊杆的纵、横间距为 1 200 mm 左右。

（3）棚内管线布置、校正、涂装

将顶棚内的水、电管道安装校正后，在结构顶棚及管道上涂刷 1～2 遍黑色涂料。

（4）预装格栅

将铝合金格栅条（110 mm×110 mm）在地面先分开，按照其规格进行预装成组。注意地面要平整、干净，要检查格栅的拼接平整度和接口牢固程度。

（5）吊装格栅

将预装好的每组格栅装在直径为 4 mm 的吊筋吊钩上，将吊钩一端穿进主龙骨的孔内，另一端固定在弹簧片上。每组格栅通过专用连接件将每一根格栅条连起来。

（6）调平

将整栅顶棚连接后，在格栅的底部按照墙面上的控制线拉线调直，并通过调节弹簧片调整至设计要求的水平度即可。

> **知识链接**
>
> **铝合金格栅吊顶施工质量要求**
>
> （1）吊顶的标高、尺寸、起拱和造型应符合设计要求。
>
> （2）格栅的材质、品种、规格、图案、颜色和性能应符合设计要求及国家现行标准的有关规定。
>
> （3）吊杆和龙骨的材质、规格、安装间距及连接方式应符合设计要求。金属吊杆和龙骨应进行表面防腐处理。
>
> （4）格栅吊顶工程的吊杆、龙骨和格栅的安装应牢固。

2. 铝合金格栅吊顶常见问题与解决办法

（1）接缝明显

原因分析：格栅接长部位的接缝明显，多因接缝处接口露白磕、接缝不平在接缝处产生错位导致。

防治措施：做好下料工作，对接口部位用锉刀将其修平，并将不平处修整好；再用同颜色的胶黏剂对接口部位进行修补。用胶目的是为了起密合作用，另外也是对接口的白槎进行遮掩。

（2）吊顶不平

原因分析：水平线控制不好是吊顶不平的主要原因，多因放线时控制不好、龙骨未拉线调平导致。安装、连接格栅的方法不当也易使吊顶不平，严重的还会产生波浪形状。

防治措施：吊顶四周的标高线应准确地弹在墙面上。如果跨度较大，还应在中间适当位置加设标高控制点，拉通线控制。待龙骨调直、调平后方能安装格栅。不能直接悬吊的设备，应另设吊杆直接与结构固定。如果采用膨胀螺栓固定吊杆，应做好隐检记录，关键部位要做螺栓的拉拔实验。在安装前，先要检查格栅的平直情况，发现不平直的应进行调整。

（3）吊顶与设备衔接不当

原因分析：装饰工程与设备工种配合不好，导致施工安装完成后与装饰工程的衔接不好；确定施工方案时，施工顺序不合理。

防治措施：安装灯具等设备工程应与装饰工程密切配合；安装格栅前必须完成水、电、通风等设备工程、检查验收完毕后方可进行；在确定方案和安排施工顺序中要妥善安排（图5-33）。

图5-33　铝合金格栅吊顶

三、铝塑板墙面施工工艺

铝塑板墙面施工工艺流程如下。

1. 弹线

确定标高控制线和龙骨位置线，当吊顶有标高变化时，应将变截面部分的位置确定好，接着沿标高线固定角钢；然后根据铝塑板的尺寸及吊顶的面积来安排吊顶龙骨的结构尺寸，要求板块组合的图案要完整，四周留边时尺寸要均匀或对称。注意将安排好的龙骨位置线画在标高线的上边。

2. 安装与调平龙骨

根据纵、横标高控制线,从一端开始边安装边调平龙骨,然后再统一精调一次。

3. 板块安装

铝塑板与龙骨的安装方式主要有吊钩悬挂式或自攻螺钉固定,也可采用钢丝扎结。安装时,按弹好的板块安排布置线,从一个方向开始依次安装,并注意吊钩先与龙骨固定,再钩住板块侧边的小孔。铝塑板在安装时应轻拿轻放,保护板面不受碰撞或刮伤。用 M5 自攻螺钉固定时,先用手持式电钻打出孔位后再放入自攻螺钉。

4. 端部处理

当四周靠墙边缘部分不符合铝塑板的模数时,在取得设计人员和监理人员的批准后,可不采用铝塑板和靠墙板收边的方法,而改用条形板或纸面石膏板等进行吊顶处理。

铝塑板墙面施工构造如图 5-34 所示。

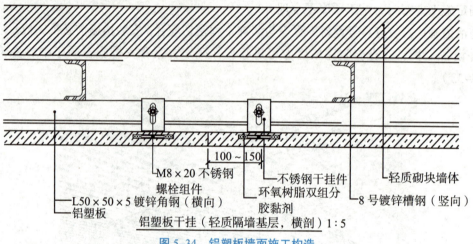

图 5-34 铝塑板墙面施工构造

四、铝合金方形板吊顶施工工艺

铝合金方形板吊顶施工工艺流程如下。

1. 弹线

首先根据楼层标高水平线,按照设计标高沿墙四周弹顶棚标高水平线,并找出房间中心点;然后沿顶棚的标高水平线,以房间中心点为中心在墙上画好龙骨位置线。

2. 安装主龙骨吊杆

首先弹好顶棚标高水平线及龙骨位置线后,确定吊杆下端头的标高;然后安装预先加工好的吊杆,吊杆安装用膨胀螺栓固定在顶棚上,吊杆间距控制在 1 200 mm 范围内。

3. 安装主龙骨

主龙骨一般选用 C38 轻钢龙骨,间距控制在 1 200 mm 范围内。安装时,采用与主龙骨配套的吊件与吊杆连接。

4. 安装边龙骨

按顶棚净高要求在墙四周用水泥钉固定 25 mm×25 mm 烤漆龙骨，水泥钉间距不大于 300 mm。

5. 安装次龙骨

根据铝合金方形板的规格安装与板配套的次龙骨，次龙骨通过吊挂件吊挂在主龙骨上。当次龙骨长度须多根延续接长时，使用次龙骨连接件。在吊挂次龙骨的同时，将相对的端头连接起来，并先调直后固定。

6. 安装铝合金方形板

安装铝合金方形板时，在装配面积的中间位置、垂直次龙骨方向拉一条基准线，对齐基准线向两边安装。安装时，要轻拿轻放，必须顺着翻边部位按顺序将铝合金方形板两边轻压下去，卡进龙骨后再推紧。

7. 饰面清理

铝合金方形板安装完后，需用棉布把板面全部擦拭干净，不得有污物及手印等。

8. 分项、检验批验收

铝合金方形板吊顶施工如图 5-35 所示。

图 5-35　铝合金方形板吊顶施工

知识链接

吊顶工程验收时应检查的文件和记录

吊顶工程验收时应检查下列文件和记录。
（1）吊顶工程的施工图、设计说明及其他设计文件。
（2）材料的产品合格证书、性能检测报告、进场验收记录和复验报告。
（3）隐蔽工程验收记录。
（4）施工记录。

思政链接

理想信念是人的心灵世界的核心,对于建筑设计类专业的学生来讲,有无理想信念以及具有什么样的理想信念,决定了以后的人生是高尚充实,还是庸俗空虚。

每个人在人生的成长道路上,不一定是只有成功与鲜花,如何使自己拥有充分的思想准备在逆境中奋起、在困难中磨练、在挫折中成长,这也是每个学生都要努力的。要明确伟大出自平凡,社会需要杰出人物,但是我们的社会更需要千千万万个普通劳动者。做到以为人民服务为荣,能够在平凡的岗位中实现伟大,在平凡中获得杰出。因此,拥有坚定、崇高的理念是非常重要的。

课后习题

一、填空题

1. 金属材料品种繁多,尤其是_____、_____、_____、铜及其合金材料,它们耐久、轻盈,易加工、表现力强,这些特质是其他材料所无法比拟的。

2. 钢材是含有_____和_____的有可延展性的合金,根据含碳量进行熔化并精炼而成。

3. 常用的装饰钢材有不锈钢及制品、_____、塑料复合镀锌钢板、建筑压型钢板、轻钢龙骨等。

4. 铝塑板与龙骨的安装方式主要有_____或自攻螺钉固定,也可采用钢丝扎结。

二、判断题

(　　)1. 铜合金是极良好的导电体,但最常用于屋面、防雨板、五金件和管道用具。

(　　)2. 空气湿度对纸面石膏板的线性膨胀和收缩影响不大,但温度变化会对纸面石膏板的线胀系数产生较大影响。

(　　)3. 因不锈钢装饰材料具有永不生锈的特点,所以保养工作比较方便。

(　　)4. 铝的导电性能良好,化学性质活泼,耐腐蚀性强,便于铸造加工,可染色。极有韧性,无磁性,有很好的传导性,对热和光反射良好,并且有防氧化作用。

项目六 石膏制品装饰材料与施工工艺

 项目概述

  石膏在人们日常生产生活中广泛使用,在高倍的光学放大镜下才能看到这种材料的晶体形状,通常呈致密块状或纤维状,颜色为白色或灰白色。石膏在自然界中以矿石的形式存在着,主要成分是含水硫酸钙。石膏属于无机非金属材料,石膏有一个很大的优点是可以循环利用,从理论上讲可以无限期循环使用。

 学习目标

  知识目标
  (1)了解常用石膏制品材料的种类。
  (2)了解石膏制品在装饰工程中的施工工艺。

  能力目标
  (1)能够根据装饰风格选择和搭配石膏制品装饰材料。
  (2)能根据实际情况合理运用石膏制品装饰材料。

  素质目标
  (1)调研石膏制品装饰材料的市场情况。
  (2)了解石膏制品装饰材料的行业发展情况。

  思政目标
  (1)让学生能够了解马克思主义认识论,培养学生尊重客观实际,凡事从实际出发,能够透过现象分析本质问题。
  (2)强化工程伦理教育,培养学生精益求精的大国工匠精神。

 任务工单

  一、任务名称
  安装轻钢龙骨石膏隔板墙。

  二、任务描述
  全班同学以分组的形式,进行轻钢龙骨石膏隔板墙安装实践,在任务准备的过程中完成表 6-1 的填写。

表 6-1 实训表（一）

姓名		班级		学号	
学时		日期		实践地点	
实训工具	轻钢龙骨主配件、射钉、膨胀螺栓、镀锌自攻螺丝、木螺丝、黏结嵌缝料等					

三、任务目的

熟悉轻钢龙骨石膏隔板墙施工工艺，为日后工作中的设计、施工操作积累经验。

四、分组讨论

全班学生以 3~6 人为一组，选出各组的组长，组长对组员进行任务分工并将分工情况记入表 6-2 中。

表 6-2 实训表（二）

成员	任务
组长	
组员	
组员	
组员	
组员	
组员	

五、任务思考

（1）安装石膏罩面板的处理程序有哪些？

（2）安装轻钢龙骨石膏隔板墙作业条件有哪些？

六、任务实施

在任务实施过程中，将遇到的问题和解决办法记录在表 6-3 中。

表 6-3 实训表（三）

序号	遇到的问题	解决办法
1		
2		
3		

七、任务评价

请各小组选出一名代表展示任务实施的成果，并配合指导教师完成表 6-4 的任务评价。

表 6-4 实训表（四）

评价项目	评价内容	分值	评价分值		
			自评	互评	师评
职业素养考核项目	考勤、纪律意识	10 分			
	团队交流与合作意识	10 分			
	参与主动性	10 分			
专业能力考核项目	积极参与教学活动并正确理解任务要求	10 分			
	认真查找与任务相关的资料	10 分			
	任务实施过程记录表的完成度	10 分			
	对轻钢龙骨石膏隔板墙施工工艺的掌握程度	20 分			
	独立完成相应任务的程度	20 分			
合计：综合分数	自评（20%）+ 互评（20%）+ 师评（60%）	100 分			
综合评价			教师签名		

任务一　常用石膏装饰材料

常用石膏装饰材料

石膏及其制品的用途非常广泛。随着科学技术的发展和人们对室内装饰要求的提高，石膏这种古老的胶结材料，不断推出新的品种，以满足轻质、吸声、防火、装饰等方面的要求。集绿色环保、防火防潮、可塑性和艺术性于一身的石膏装饰制品备受人们的欢迎，成为宾馆酒店及家庭装饰流行的"绿色"材料（图 6-1）。

图 6-1　石膏制品在家庭装饰中的运用

石膏制品是以建筑石膏为主要原料制成的一种材料。它是一种质量轻、强度较高、厚度较薄、加工方便、隔音绝热和防火等性能较好的建筑材料，是当前着重发展的新型轻质板材之一。石膏板已广泛用于住宅、办公楼、商店、旅馆和工业厂房等各种建筑物的内隔墙、墙体覆面板（代替墙面抹灰层）、天花板、吸音板、地面基层板和各种装饰板等。

一、石膏概述

建筑装饰工程用石膏主要为建筑石膏、模型石膏、高强石膏、粉刷石膏等。均属于硬性胶凝材料。

1. 建筑石膏

建筑石膏原料主要为含硫酸钙的天然石膏或含硫酸钙的化工副产品和废渣，即二水石膏，其化学式为 $CaSO_4 2H_2O$。石膏胶凝材料的生产，通常是将原料（二水石膏）在不同压力和温度下煅烧、脱水，再经磨细而成的。

建筑石膏的特性主要体现在以下几个方面。

（1）凝结硬化快、强度较低。
（2）体积微膨胀。
（3）孔隙率大，表观密度小，保温、吸声性较好。
（4）具有一定的调温和调湿性能。
（5）防火性好，但耐火性较差。
（6）耐水性差。

建筑石膏主要用于生产各种石膏板材、装饰制品、装饰配件、室内的非承重隔墙、抹灰、地面找平、吊顶等，如纸面石膏板、石膏线条等（图6-2）。

图6-2 石膏线条装饰效果

> **知识链接**
>
> **建筑装饰石膏的优点**
>
> 1. 安全
>
> 安全主要是指石膏具有特别优良的耐火性能。石膏与混凝土、砖等同属无机材料，具有不燃性；所不同的是它的最终水化产物二水硫酸钙中含有两个结晶水，其分解温

度为 107～170 ℃。当遇到火灾时，只有等到其中的两个结晶水全部分解完毕后，温度才能继续升高；而且，在其分解过程中产生的大量水蒸气还能对火焰的蔓延起到阻隔的作用。

2. 舒适

舒适是指石膏具有暖性和呼吸功能成。用天然石膏制成的石膏建材，与木材的平均热导率相近，具有与木材相似的暖性。石膏建材的呼吸功能源于它的多孔性，这些孔隙在室内湿度较大时，可将水分吸入；反之，室内湿度较小时，又可将孔隙中的水分释放出来，可自动调节室内的湿度，使人感到舒适。

3. 节能

在水泥、石灰、石膏三大胶凝材料的生产过程中，生成石膏所消耗的煅烧能耗是最低的，约为水泥的 1/4、石灰的 1/3。

4. 节材

以石膏墙体材料为例，普通轻钢龙骨纸面石膏板隔墙，每平方米耗材约 30 kg；80 mm 厚的实心石膏砌块隔墙，每平方米耗材约 72 kg；120 mm 厚的实心砖隔墙，每平方米耗材约 100 kg；现浇 100 mm 厚的混凝土隔墙，每平方米耗材约 240 kg。

5. 可循环使用

建筑装饰石膏一般是由二水石膏烧制而成的，水化后又变成二水石膏，由此，废弃的石膏建材经破碎、筛选、再煅烧后又可作为生产石膏建材的原料，不产生建筑垃圾。

6. 不污染环境

建筑石膏的烧成过程是将二水硫酸钙脱去 3/4 的水，变成半水硫酸钙，其排放出来的"废气"是水蒸气。各种石膏建材的生产和应用过程也都不排放废气、废渣、废水和对人体有害的物质，故不污染环境。

上述情况说明，建筑装饰石膏不仅是一种性能非常好的建材，而且还是一种非常全面的绿色建材，完全符合我国循环经济和持续发展的方针，应大力推广使用。

2. 模型石膏

模型石膏也称为 β 型半水石膏。模型石膏杂质少、色白，主要用于陶瓷的制坯工艺，少量用于装饰浮雕。

3. 高强石膏

将二水石膏置于蒸压釜，在 127 千帕的水蒸气中（124 ℃）脱水，得到的是晶粒粗大、拌和用水量少的半水石膏，该石膏称为 α 型半水石膏。将此熟石膏磨细得到的白色粉末称为高强石膏。

高强石膏主要用于室内高级抹灰、各种石膏板、嵌条、大型石膏浮雕画等，掺入防水剂后，还可生产高强防水石膏及制品。

4. 粉刷石膏

粉刷石膏是二水石膏或无水石膏经煅烧，其生成物单独或两者混合后掺入外加剂，也可加入集料制成的胶结料。

粉刷石膏按用途分为粉刷石膏（M）、底层粉刷石膏（D）和保温层粉刷石膏（W）。按强度分为优等品（A）、一等品（B）、合格品（C），各等级的强度应满足要求。

粉刷石膏黏结力强，不易开裂起鼓、表面光洁、防火保温，且施工方便，是一种高档抹面材料；适用于办公室、住宅等的墙顶面（图 6-3）。

图 6-3　粉刷石膏使用

二、石膏装饰制品

建筑装饰石膏制品，主要以石膏为主，加入麻丝、纸筋等纤维材料以增强石膏强度；是广泛应用在现代家居住宅和绝大多数室内环境中的重要装饰与装修材料之一，主要有石膏板和装饰石膏制品（图 6-4）两大类。

石膏具有质地相对较轻、防火性能良好的特点，用这种材料制成的板材，其阻燃耐火等级均为一级，是各种室内环境装饰装修的首选材料之一。制成的各种石膏空心条、石膏线、石膏柱、石膏浮雕、石膏饰角等产品则显得大方，用在室内装饰装修中具有明显的异国情调。石膏材料及其产品的种类相当多，在这些石膏产品中使用最广泛的是各种平面石膏板材。它不仅可以用作吊顶材料；也可以用来做墙体、管线的防护材料；甚至还可以用作地面上地板的基层铺装材料。

图 6-4　装饰石膏制品

石膏材料除了具有良好的防火性能以外，其体积膨胀系数较小，仅为 1%，基本上可以忽略不计，优于其他装饰材料，因此在室内的装饰与装修施工中，凡属于墙体、棚面施工中形成的缺陷，都采用石膏粉进行修整。石膏制品的加工性能较好，可以采用锯、刨、钉、钻等施工工艺进行安装，非常方便。但是使用时要注意防止石膏制品吸水，因为石膏制品的缺点是吸湿性强，吸水后其强度明显下降。与其他同类的材料相比，石膏板还具有质轻、强度高、能相对增加使用面积以及防蛀、隔热、吸声等优点。

按功能的不同，石膏板可分为纸面石膏板、耐水纸面石膏板、耐火纸面石膏板、装饰石膏板、嵌装式装饰石膏板、印刷石膏板、吸声用穿孔石膏板、特种耐火石膏板、布面石膏板、硅钙板。

1. 纸面石膏板

纸面石膏板是以建筑石膏为主要原料,掺入适量添加剂与纤维做板芯,以特制的板纸为护面,经加工制成的板材。纸面石膏板具有密度小、隔声、隔热、加工性能强、施工方法简便等优点(图6-5)。

图6-5　纸面石膏板

(1)纸面石膏板的特点

① 生产能耗低,生产效率高

生产同等单位的纸面石膏板的能耗比水泥节省78%。且投资少生产能力大,工序简单,便于大规模生产。

② 轻质

用纸面石膏板做隔墙,质量仅为同等厚度砖墙的1/15,砌块墙体的1/10,有利于结构抗震,并可有效减少基础及结构主体造价。

③ 保温隔热

纸面石膏板板芯60%左右是微小气孔,因空气的导热系数很小,因此具有良好的轻质保温性能。

④ 防火性能好

由于石膏本身不燃,且遇火时在释放化合水的过程中会吸收大量的热,延迟周围环境温度的升高。因此,纸面石膏板具有良好的防火阻燃性能。经国家防火检测中心检测,纸面石膏板隔墙耐火极限可达4小时。

⑤ 隔声性能好

采用单一轻质材料,如加气混凝土、膨胀珍珠岩板等构成的单层墙体厚度很大时才能满足隔声的要求,而纸面石膏板隔墙具有独特的空腔结构,具有很好的隔声性能。

⑥ 装饰功能好

纸面石膏板表面平整,板与板之间通过接缝处理形成无缝表面,表面可直接进行装饰。

⑦ 加工方便，可施工性好

纸面石膏板具有可钉、可刨、可锯、可粘的性能，用于室内装饰，可达到理想的装饰效果。仅需裁纸刀便可随意对纸面石膏板进行裁切，施工非常方便，用它做装饰材料可极大地提高施工效率。

⑧ 舒适的居住功能

由于石膏板的孔隙率较大，并且孔结构分布适当，所以具有较高的透气性能。当室内湿度较高时，可吸湿；而当空气干燥时，又可放出一部分水分，因而对室内湿度起到一定的调节作用。国外将纸面石膏板的这种功能称为"呼吸"功能，正是由于石膏板具有这种独特的"呼吸"性能，可在一定范围内调节室内湿度，使居住条件更舒适。

⑨ 绿色环保

纸面石膏板采用天然石膏及纸面作为原材料，不含对人体有害的石棉（绝大多数的硅酸钙类板材及水泥纤维板均采用石棉作为板材的增强材料）。

⑩ 节省空间

采用纸面石膏板作墙体，墙体厚度最小可达 74 mm，且可保证墙体的隔声。

由于纸面石膏板具有质轻、防火、隔声、保温、隔热、加工性良好（可刨、可钉、可锯）、施工方便、可拆装性能好，增大使用面积等优点；因此广泛用于各种工业建筑、民用建筑，尤其是在高层建筑中可作为内墙材料和装饰装修材料；如用于柜架结构中的非承重墙、室内贴面板、吊顶等。

（2）纸面石膏板的选择

① 关注纸面的差别

因为纸面石膏板的强度有 70% 以上来自纸面，所以纸面是保证石膏板强度的一个关键因素。纸面的质量还直接影响到石膏板表面的装饰性能。好的纸面石膏板表面可直接涂刷涂料，差的纸面石膏板表面必须做满批处理后才能继续施工。

② 石膏芯体选材的差别

优质的纸面石膏板选用高纯度的石膏矿作为芯体材料的原材料，而劣质的纸面石膏板对原材料的纯度缺乏控制。纯度低的石膏矿中含有大量的有害物质，这些有害物质会显著影响石膏板的性能，如黏土和盐分会影响纸面和石膏芯体的粘接性能等。从外观上可看出，好的纸面石膏板的板芯很白；而差的纸面石膏板的板芯泛黄（含有黏土），颜色暗淡。

③ 关注纸面粘接

用裁纸刀在石膏板表面划一个 45° 角的 "×"，然后在交叉的地方揭开纸面进行观察。优质的纸面石膏板的纸张依然完好地粘接在石膏芯体上，石膏芯体没有裸露；而劣质纸面石膏板的纸张则可以撕下大部分甚至全部被撕下，石膏芯体完全裸露出来。

知识链接

纸面石膏板的用途

普通纸面石膏板适用于干燥环境中，不易用于厨房、卫生间、厕所以及空气湿度大于70%的潮湿环境中。例如，办公楼、影剧院、饭店、宾馆、候车室、候机楼、住宅等建筑的室内吊顶、墙面、隔断、内隔墙等的装饰（图6-6）；普通纸面石膏板的表面还需要进行饰面处理，方能获得理想或满意的装饰效果。常用方法为裱糊壁纸，喷涂、滚涂或刷涂装饰涂料，镶贴各种类型的玻璃片、金属抛光板、复合塑料镜片等。

图6-6 普通纸面石膏板的运用

2. 耐水纸面石膏板

耐水纸面石膏板是以建筑石膏为主要原料，掺入适量耐水外加剂构成耐水芯材，并与耐水的护面纸牢固黏结在一起的轻质建筑板材。

（1）产品常用规格

耐水纸面石膏板的长度分为1 800 mm、2 100 mm、2 400 mm、2 700 mm、3 000 mm、3 300 mm和3 600 mm；宽度分为900 mm和1 200 mm；厚度分为9 mm、12 mm和15 mm。

板材的棱边形状分为矩形（代号SJ）、45°倒角（代号SD）、楔形（代号SC）、半圆形（代号SB）和圆形（代号SY）五种。耐水纸面石膏板的板面平整，外观质量，含水率、吸水率、表面吸水率应满足相应要求。此外，尺寸偏差等也应满足中华人民共和国国家标准GB/T 11978-1989《组织机构代码编制规则》的要求。耐水纸面石膏板具有较高的耐水性，其他性能与普通纸面石膏板相同。

（2）产品特点和用途

在具备普通纸面石膏板优良特性的基础上，耐水纸面石膏板还具有以下特点：具有优异的耐水性，石膏板板芯吸水率很低，符合国家标准规定的不大于10%的要求；经过特殊工艺处理过的护面纸，能显著降低表面吸水率，符合国家规定的不大于 160 g/m² 的要求；选择多样化，规格多样，可根据耐水需要选择不同规格的耐水纸面石膏板。耐水纸面石膏板适用于卫生间、厨房及湿度较高的空间。

耐水纸面石膏板主要用于厨房、卫生间、厕所等潮湿场合的装饰。其表面也须进行饰面处理以提高装饰性。

3. 耐火纸面石膏板

耐火纸面石膏板是以建筑石膏为主，掺入适量无机耐火纤维增强材料构成芯材，并与护面纸牢固地黏结在一起的耐火轻质建筑板材。

耐火纸面石膏板的长度分为 1 800 mm、2 100 mm、2 700 mm、3 000 mm、3 300 mm 和 3 600 mm；宽度分为 900 mm 和 1 200 mm；厚度分为 9 mm、12 mm、15 mm、18 mm、21 mm 和 25 mm。

板材的棱边形状有矩形（代号 HJ）、45°倒角（代号 HD）、楔形（代号 HC）、半圆形（代号 HB）和圆形（代号 HY）五种。

耐火纸面石膏板的外观质量应满足相应要求。板材的遇火稳定性（即在高温明火下焚烧时不断裂的性质）用遇火稳定时间来表示，板材的其他物理力学性能应满足相应要求。

在具备普通纸面石膏板优良特性的基础上，耐火纸面石膏板还具有以下特点。

具有优异的耐火性，加入耐火玻璃纤维及特殊添加剂后，耐火稳定性达到 45 min，满足国家标准；选择多样化，规格、品种齐全，可根据不同耐火要求选择不同厚度、不同规格的耐火纸面石膏板。

耐火纸面石膏板主要用于防火等级要求较高的建筑室内装饰，特别适合于防火性能要求较高的吊顶、隔墙等。

4. 装饰石膏板

装饰石膏板是以建筑石膏为胶凝材料，加入适量的纤维增强材料、胶黏剂、改性剂等辅料，与水拌成料浆，经成型、干燥而成的不带护面的装饰板材。

装饰石膏板具有质轻、强度高、图案饱满、细腻、色泽柔和、美观、吸音、防火、隔热、变形小及可调节室内湿度等优点，并具有施工方便，加工性能好，可锯、可钉、可刨、可粘贴等特点，是较理想的顶棚吸音板及墙面装饰板材。

装饰石膏板的种类很多，按其正面形状和防潮性能的不同进行分类。

（1）产品常用规格

装饰石膏板为正方形，其棱边断面形式有直角形和倒角形。板材的规格为 500 mm × 500 mm × 9 mm；600 mm × 600 mm × 11 mm。

板材的厚度是指不包括棱边倒角、孔洞和浮雕图案在内的板材正面和背面间的垂直距离。装饰石膏板正面不应有影响装饰效果的气孔、污痕、裂纹、缺角、色彩不均和图案不完整等缺陷。板材的含水率、吸水率、受潮挠度和断裂荷载应满足相应要求。

（2）产品性质和用途

装饰石膏板的表面细腻，色彩、花纹图案丰富，浮雕板和孔板具有较强的立体感，质感亲切，给人以清新柔和感，并且具有质轻、强度较高、保温、吸声、防火、不燃、调节室内湿度等特点。

装饰石膏板广泛用于宾馆、饭店、餐厅、礼堂、影剧院、会议室、医院、幼儿园、候机（车）室、办公室、住宅等的吊顶、墙面等。

5. 嵌装式装饰石膏板

嵌装式装饰石膏板（代号 QZ）分为平板、孔板、浮雕板（图 6-7）。如在具有一定穿透孔洞的嵌装式装饰石膏板的背面复合吸声材料，使之成为具有较强吸声性的板材，则称为嵌装式装饰吸声石膏板（代号 QS），简称嵌装式吸声石膏板。

（1）产品常用规格

嵌装式装饰石膏板规格为 600 mm × 600 mm，边厚大于 28 mm；500 mm × 500 mm，边厚大于 25 mm。

（2）产品性质和用途

嵌装式装饰石膏板正面不得有影响装饰效果的气孔、污痕、裂纹、缺角、色彩不均和图案不完整等缺陷。

图 6-7 嵌装式装饰石膏板的运用

板材单位面积质量、含水率、断裂荷载、吸声板的吸声系数，不平整度、直角偏离度应满足相应要求。

嵌装式装饰石膏板的性能与装饰石膏板的性能相同，此外，它也具有各种色彩、浮雕图案、不同孔洞形式（圆、椭圆、三角形等）及其不同的排列方式。嵌装式装饰吸声石膏板主要用于吸声要求高的建筑物装饰，如影剧院、音乐厅、播音室等。

6. 印刷石膏板

印刷石膏板是以石膏板为基材，板两面均有护面纸或保护膜，面层又经印花等工艺而成，具有较好的装饰性。主要规格有 500 mm × 500 mm × 9.5 mm，600 mm × 600 mm × 9.5 mm；455 mm × 910 mm × 9.5 mm，板边棱角为直角。

7. 吸声用穿孔石膏板

吸声用穿孔石膏板是以装饰石膏板、纸面石膏板为基板，在其上设置孔眼而成的轻质建筑板材（图6-8）。吸声用穿孔石膏板按基板的不同和有无背覆材料（贴于石膏板背面的透气性材料）分类，按基板的特征还可分为普通板、防潮板、耐水板等。

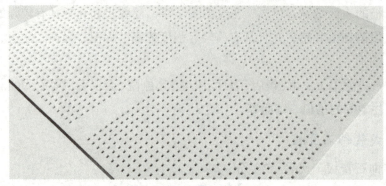

图6-8 吸声用穿孔石膏板

板材的规格尺寸分为 500 mm × 500 mm 和 600 mm × 600 mm 两种，厚度分为 9 mm 和 12 mm 两种。板面上开有 6、8、10 的孔眼，孔眼垂直于板面，孔距的大小为 18～24 mm。孔径越小，孔距也越小。穿孔率为 5.7%～15.7%，孔眼呈正方形或三角形排列。除标准所列的孔形外，实际应用中还有其他孔形。

吸声用穿孔石膏板的特点如下。

（1）由于板面穿孔，能吸收声波能量。

（2）通过不同孔径、孔距、穿孔率及孔腔的组合，能有效调整室内混响时间，对低频声波的吸收尤为显著。

（3）特殊配方、特制基材能满足强度要求。

（4）孔形多样、组合丰富，可根据吸声及装饰需要进行不同选择。

（5）采用干法作业，工期较短，施工便捷，经济高效。

（6）饰面工序简单，可直接滚涂涂料。

（7）饰面图案多样，纹理丰富，颜色齐全，美观环保。

（8）作为高档装饰装修材料，可满足个性化装饰需求，可用于对吊顶、隔墙的视觉效果、清洁度、声环境有较高要求的政府大楼、酒店、写字楼、体育馆、学校、医院、住宅等。

8. 特种耐火石膏板

特种耐火石膏板是以建筑石膏的芯材内掺多种添加剂，板面上复合专用玻璃纤维毡（其质量为 100～120 g/m^2），生产工艺与纸面石膏板相似。

特种耐火石膏板按燃烧性属于A级建筑材料。板的自重略小于普通纸面石膏板和耐火纸面石膏板。板面可丝网印刷、压滚花纹，板面上有 $\phi1.5$ mm～$\phi2.0$ mm 的透气孔，吸声系数为 0.34。适用于防火等级要求高的建筑物或重要的建筑物，作为吊顶、墙面、隔断等装饰材料。

9. 布面石膏板

布面石膏板采用布纸复合新工艺，板身不裂纹，接缝不开裂，附着力远超纸面石膏板(图6-9)。

布面石膏板由于采用了新的生产技术和复合材料制作,因此在使用的过程中其强度要超过传统的纸面石膏板,而且在安装时布面石膏板不会像纸面石膏板那样容易脱落。布面石膏板具有刚度大、不开裂、耐酸碱的优点,以石膏为凝固材料,其常见规格为 1 200 mm × 2 400 mm × 8 mm。

10. 硅钙板

硅钙板又称石膏复合板(图6-10),是一种多孔材料,具有良好的隔声、隔热性能。在室内空气潮湿的情况下能吸收空气中水分子、空气干燥时,又能释放水分子,可以适当调节室内干、湿度、增加舒适感。石膏制品又是特级防火材料,在火焰中能产生吸热反应;同时,释放出水分子阻止火势蔓延,而且不会分解产生任何有毒的、侵蚀性的、令人窒息的气体,也不会产生任何助燃物或烟气。

硅钙板具有质轻、强度高、防潮、防腐蚀、防火;另一个显著特点是它再加工方便,不像石膏板那样再加工时容易产生粉状碎裂。

图 6-9　布面石膏板制品

图 6-10　硅钙板

三、其他石膏装饰材料

1. 石膏线

石膏线以石膏为主,加入骨胶、麻丝、纸筋等纤维,可以增强石膏的强度,一般用于室内墙体构造,是断面形状为"一"字形或"L"形的条状装饰部件(图6-11)。石膏线用高强度石膏或加筋建筑石膏制作,用浇注法成型,其表面呈弧形和雕花。石膏线的长度每根是 2.5 ~ 3 m,宽度一般是 8 ~ 15 cm。

2. 粉刷石膏

粉刷石膏是一种新型的抹灰材料,

图 6-11　石膏线的运用

是无水石膏和半水石膏的混合。粉刷石膏用于内墙装修时,在使用前只需将清水混凝土墙表面上的灰尘、腻子、污垢等清除干净,即可使用粉刷石膏进行抹灰,并且一次成功率较高,施工速度快。

在施工作业效率上,使用粉刷石膏可减少水泥砂浆抹灰时的筛砂、搅拌、运送等繁杂工序,这样就显著节约了人工成本,缩短了装修作业时间,粉刷石膏的工期一般只有传统水泥砂浆抹灰的1/2左右。同时,这种新材料在施工时无落地灰,有效地降低了工程成本。在质量上,与水泥砂浆相比,粉刷石膏凝结时间快、早期强度高,具有较强的粘结度,克服了传统水泥砂浆抹灰时易出现空鼓、开裂等质量问题的通病,减少了返工。用粉刷石膏抹成的墙面质感细腻、白度高,整体墙面装饰效果好。

粉刷石膏的经济效益也很可观,用于清水混凝土墙面抹灰时,价格明显低于传统的水泥砂浆,可节约资金,在大面积建筑内墙装修时可取得一定的经济效益。

3. 石膏艺术廊柱

石膏艺术廊柱属于仿欧洲建筑流派风格造型,分上、中、下三部分(图6-12)。其中,上部为柱头,有盆状、漏斗状或花篮状等;中部为方柱体或空心圆;下部为基座。石膏艺术廊柱多用于厅堂及门窗洞口处。

4. 石膏砌块

石膏砌块主要用于框架结构和其他结构建筑的非承重墙体,一般用于内隔墙。若采用合适的固定及支撑结构,墙体还可以承受较大的荷载(如挂载吊柜、热水器、厕所用具等)。掺入特殊添加剂的石膏砌块,可用于浴室、厕所等空气湿度较大的场合。

石膏砌块以建筑石膏和水为主要原料,经搅拌、浇注、成型和干燥制成;或加轻质料以减小其质量,或加水泥、外加剂等以提高其耐水性和强度。石膏砌块分为实心砌块和空心砌块两类,规格多样。

目前,石膏砌块的主要规格为(600/666)mm × 500 mm × (60/80/90/100/110/120)mm,四边均带有企口和榫槽,施工非常方便,是一种优良的非承重内隔墙材料(图6-13)。

图6-12 石膏艺术廊柱的应用

图6-13 石膏砌块运用

5. 玻璃纤维增强石膏板

玻璃纤维增强石膏板是一种特殊改良纤维石膏装饰材料，造型的随意性使其成为要求个性化的建筑师的优选，它独特的材料构成方式足以抵御外部环境造成的破损、变形和开裂。玻璃纤维增强石膏板可制成各种平面板、各种功能型产品及各种艺术造型（图 6-14）。

图 6-14　玻璃纤维增强石膏板的应用

玻璃纤维增强石膏板的特点如下。

（1）具有无限可塑性

玻璃纤维增强石膏板选型丰富，可做成任意造型，采用预铸式加工工艺可以定制单曲面、双曲面、三维覆面等几何形状以及镂空花纹、浮雕图案等艺术造型。

（2）具有调节室内湿度的能力

玻璃纤维增强石膏板的表面具有大量的微孔结构，在自然环境中，微孔可以吸收或者释放水分，当室内温度高、湿度小的时候，玻璃纤维增强石膏板逐渐释放微孔中的水分；当室内温度低、湿度大的时候，玻璃纤维增强石膏板会吸收空气中的水分，这种吸收和释放就形成了材料的呼吸作用。这种吸收和释放水分的循环变化起到调节室内相对湿度的作用，能够为工作和居住环境创造舒适的小气候。

（3）轻质高强

玻璃纤维增强石膏板平面部分的标准厚度为 3.2～8.8 mm（特殊要求可以加厚），每平方米质量仅为 4.9～9.8 kg，能在满足大板块吊顶分割需求的同时，减少主体质量及构件负载。玻璃纤维增强石膏板强度较高，断裂荷载大于 1 200 N，弯曲强度达到 20～25 MPa（ASTM D790 测试方式），抗拉强度达到 8～15 MPa（ASTM D256 测试方式）。

（4）具有良好的声学反射性能

玻璃纤维增强石膏板具有良好的声学反射性能，30 mm 厚度、单片质量为 48 kg 的玻璃纤维增强石膏板，声学反射系数大于等于 0.97，符合专业声学反射要求。经过良好的造型设计，玻璃纤维增强石膏板可构成良好的吸声结构，达到隔声、吸声的目的，适用于大剧院、音乐厅等。

（5）具有不变形、不龟裂的优良特性

因石膏本身热膨胀系数低、干湿收缩率小，使制成的玻璃纤维增强石膏板不受环境冷、热、干、湿变化影响，性能稳定且不变形。独特的玻璃纤维加工工艺使玻璃纤维增强石膏板不龟裂，使用寿命长。

（6）具有优越的防火性能

玻璃纤维增强石膏板防火性能优越，阻燃性能达到 A 级。

任务二　石膏装饰材料施工工艺

一、装饰石膏板（矿棉板）吊顶施工工艺

1. 施工工艺流程

（1）弹线

根据图纸先在墙上、柱上弹出顶棚标高水平墨线，在顶板上画出吊顶布局，确定吊杆位置并焊接在原预留吊筋上。如原吊筋位置不符或无吊筋时，采用 M8 膨胀螺栓在顶板上固定，采用 $\phi 8$ 钢筋加工。

（2）安装吊顶

根据吊顶标高安装大龙骨，基本定位后调节吊挂，抄平下皮（注意起拱量）。再根据板的规格确定中、小龙骨位置。中、小龙骨必须和大龙骨地面贴紧，安装垂直吊挂时应用钳子夹紧，防止松紧不一。

（3）安装主龙骨

主龙骨间距一般为 1 000 mm，龙骨接头要错开，吊杆的方向也要错开，避免主龙骨向一边倾斜。用吊杆的螺栓上下调节，保证一定起拱度，视房间大小起拱 5～20 mm，为房间短向跨度的 1/200，待水平度调好后再逐个拧紧螺帽，在开孔位置需要大龙骨加固。

（4）起拱调平

施工过程中应注意各工种之间的配合，待顶棚内的风口、灯具、消防管线的施工完毕，通过各种试验后方可安装面板。

（5）安装装饰石膏板、矿棉板

应注意石膏板、矿棉板的表面色泽，必须符合规范要求。对石膏板、矿棉板的几何尺寸进行核定，偏差在 ±1 mm，安装时注意对缝尺寸，安装完后轻轻撕去表面保护膜。

2. 安装方法

（1）搁置平放法

采用 T 形铝合金龙骨或轻钢龙骨，可将装饰石膏板或矿棉板搁置在由 T 形龙骨组成的

各个格栅上,即完成吊顶安装。

(2)螺钉固定法

当采用U形轻钢龙骨时,装饰石膏板或矿棉板可用镀锌自攻螺钉固定在U形龙骨上,孔眼用泥子补平,再用与板面颜色相同的色浆涂刷。

如用木龙骨时,装饰石膏板可用镀锌圆钉或木钉与木龙骨钉牢,钉子与板面距离不应小于15 mm,钉子间距为150 mm左右,宜均匀布置。钉帽嵌入石膏板深度0.5~1 mm为宜,应涂刷防锈漆;钉眼用泥子补平,再用与板面颜色相同的色浆涂刷。

(3)粘贴安装法

采用轻钢龙骨促成的隐蔽式装配吊顶时,可采用胶黏剂将装饰石膏板、矿棉板直接粘贴在龙骨上(图6-15)。

图6-15 石膏板封板

知识链接

常见施工缺陷及预防措施

1. 吊顶不平

主龙骨安装时吊杆调平不认真,会造成各吊杆点的标高不一致;施工时应认真操作,检查各吊杆点的紧挂程度,并拉通线检查标高与平整度是否符合设计要求和规范标准的规定。

2. 轻钢龙骨局部节点构造不合理

吊顶轻钢骨架在留洞、灯具口、通风口等处,应按图纸上的相应节点构造设置龙骨及连接件,使构造符合图纸上的要求,以保证吊挂的刚度。

3. 轻钢骨架吊固不牢

顶棚的轻钢骨架应吊在主体结构上,并应拧紧吊杆螺母,以控制及固定设计标高。顶棚内的管线、设备件不得吊固在轻钢骨架上。

4. 罩面板切块间缝隙不直

照片板规格有偏差、安装不正都会造成这种缺陷。施工时应注意板块规格,拉线找正安装固定时保证平整对直。

5. 压缝条、压边条不严密

不选择平直，加工条材料规格不一致。使用时应经过选择，操作拉线，找正后固定、压粘。

6. 颜色不均匀

石膏板、矿棉板吊顶要注意板块的色差，以防颜色不均匀的质量弊病。

3. 质量要求

（1）吊顶标高、尺寸、起拱和造型应符合设计要求。饰面材料的材质、品种、规格、图案和颜色应符合设计要求。

（2）暗龙骨吊顶工程的吊杆、龙骨和饰面材料的安装必须牢固。

（3）吊杆、龙骨的材质、规格、安装间距及连接方式符合设计要求。金属吊杆、龙骨应经过表面防腐处理，木吊杆、龙骨应进行防腐、防火处理。

（4）饰面材料表面应洁净、色泽一致，不得有翘曲、裂缝及缺损。压条应平直、宽窄一致。饰面板上的灯具、烟感器、喷淋头等设备位置应合理、美观，面板的交接应吻合、严密。

（5）金属吊杆、龙骨的接缝应均匀一致，角缝应吻合，表面应平整，无翘曲、锤印。木质吊杆、龙骨应顺直，无劈裂、变形。

（6）吊顶内填充吸声材料的品种和铺设厚度应符合设计要求，并应有防散设施。

（7）暗龙骨吊顶工程安装的允许偏差和检验的方法符合《建筑装饰装修工程施工质量验收规范》（GB 50210—2001）的规定：表面平整度为 2 mm，接缝直线度为 1.5 mm，接缝高低差为 1 mm。

二、轻钢龙骨石膏隔板墙

1. 材料准备

（1）轻钢龙骨主件：沿顶龙骨、沿地龙骨、加强龙骨、竖向龙骨、横向龙骨应符合设计要求。

（2）轻钢龙骨配件：支撑卡、卡托、角托、连接件、固定件、附墙龙骨、压条等附件应符合设计要求。

（3）紧固材料：射钉、膨胀螺栓、镀锌自攻螺丝、木螺丝和黏结嵌缝料应符合设计要求。

（4）填充隔音材料。

（5）罩面板材：纸面石膏板规格、厚度由设计人员或按图纸要求选定。

2. 安装轻钢龙骨石膏隔板墙作业条件

轻钢骨架、石膏罩面板隔墙施工前应先完成基本的验收工作，石膏罩面板应等屋面、顶棚和墙抹灰完成后进行。设计要求隔墙有地枕带时，应等地枕带施工完毕，并达到设计完成度后，方可进行轻钢骨架安装。根据设计施工图和材料计划，实查隔墙的全部材料，使其配套齐备。所有材料必须有材料检测报告、合格证。

3. 施工流程

（1）放线

根据设计施工图，在已做好的地面或地枕带上，放出隔墙位置线、门窗洞口边框线，并放好顶龙骨位置边线。

（2）安装门洞门框

放线后按设计，先将隔墙的门窗洞口边框安装完毕。

（3）安装沿顶龙骨和沿地龙骨

按已放好的隔墙位置线，安装顶龙骨和地龙骨，用射钉固定于主体上，设定间距为600 mm。

（4）竖龙骨切档

根据隔墙放线门洞位置，在安装顶、地龙骨后，按石膏罩面板的规格900 mm或1 200 mm板宽，切档规格尺寸为450 mm，不足模数的切档应避开门洞框边第一块石膏罩面板位置，使破边石膏罩面板不在靠洞框处。

（5）安装龙骨

按切档位置安装竖龙骨，竖龙骨上下两端插入沿顶龙骨及沿地龙骨，调整垂直及定位准确后，用抽芯铆钉固定。靠墙、柱边龙骨用射钉或木螺丝与墙、柱固定，钉间距为1 000 mm。

（6）安装横向卡档龙骨

根据设计要求，隔墙高度大于3 m时应加横向卡档龙骨，用抽芯铆钉或螺栓固定。

（7）安装石膏罩面板

安装石膏罩面板可按以下程序处理。

① 检查龙骨安装质量、门窗洞口边框是否符合设计要求及构造要求，龙骨间距是否符合石膏板宽度的模数。

② 安装一侧的纸面石膏板，从门口处开始，无门洞口的墙体由墙的一端开始，纸面石膏板一般用自攻螺钉固定，板边钉距为200 mm，板中间钉距为300 mm，螺钉距石膏板边缘距离不得小于10 mm，也不得大于16 mm。用自攻螺钉固定时，纸面石膏板必须与龙骨紧靠。

③ 安装墙体内电管、电盒和电箱设备。

④ 安装墙体内防火、隔音、防潮填充材料，与另一侧纸面石膏板同时进行。

⑤ 安装墙体另一侧纸面石膏板。安装方法同第一侧纸面石膏板，其接缝应与第一侧面板错开。

⑥ 安装双层纸面石膏板。第二层的固定方法与第一层相同，但第三层板的接缝应与第

一层错开，不能与第一层的接缝落在同一龙骨上。

（8）接缝

纸面石膏板接缝做法有三种形式，即平缝、凹缝和压条缝，可按以下程序处理。

① 刮嵌缝腻子

刮嵌缝腻子前先将接缝内的浮土清除干净，用小刮刀把腻子嵌入接缝，将板面填实刮平。

② 粘贴拉结带

待嵌缝腻子凝固即进行粘贴拉结带，先在接缝上薄刮一层稠度较稀的胶状腻子，厚度为 1 mm，宽度为拉结带宽，随机粘贴拉结带，用中刮刀从上而下一个方向刮平压实，赶出胶腻子与拉结带之间的气泡。

③ 刮中层腻子

拉结带粘贴后，立即在上面再刮一层比拉结带宽 80 mm 左右，厚度约为 1 mm 的中层腻子，是拉结带埋入这层腻子中。

④ 找平腻子

用大刮刀将腻子填满楔形槽，并与板抹平。

（9）墙面装饰

纸面石膏板墙面，根据设计要求，可做各种饰面（图 6-16）。

图 6-16　轻钢龙骨石膏板隔墙施工

4. 成品保护

（1）在轻钢龙骨隔墙施工中，工种间应保证已装项目不受损坏，墙内电管及设备不得碰动错位及损伤。

（2）轻钢骨架及纸面石膏板入场、存放、使用过程中应妥善保管，保证不变形、不受潮、不污染、无损坏。

项目六　石膏制品装饰材料与施工工艺

 知识链接

石膏制品的选购方法

在选购石膏装饰材料时要学会鉴别其质量，应注意以下几点。

1. 注意辨别浮雕深浅

深浮雕产品图案花纹的凸凹厚度应在 1 cm 以上，花纹制作精细，清晰明快。这样在安装完毕后再经表面刷漆处理，能够保持立体感，从而保证浮雕的艺术性和美观性。

2. 注意感觉表面光洁度

外观检查时应在 0.5 m 远处光照明亮的条件下，对板材正面进行目测检查，先看表面，表面平整光滑，不能有气孔、污痕、裂纹、缺角、色彩不均和图案不完整现象；再看侧面，看石膏质地是否密实，有没有空鼓现象。浮雕产品表面无破损，干净整齐、质地细腻，手感越光滑，刷漆后效果越好。

3. 注意产品的厚薄

石膏系气密性胶凝材料，产品必须达到相应厚度，才能保证使用年限和使用期间的完整和完美。石膏制品尺寸允许偏差、平面度和直角偏离度要符合合格标准，装饰石膏板如偏差过大，会使装饰表面拼缝不整齐，整个表面凹凸不平，对装饰效果会有很大的影响。

4. 注意辨别生产厂家与商标

在每一包装箱上，应有产品的名称、商标、质量等级、制造厂名、生产日期以及防潮、小心轻放和产品标记等标志。购买时应重点查看质量等级标志。装饰石膏板的质量等级是根据尺寸允许偏差、平面度和直角偏离度划分的。

思政链接

新时代孕育新思想，新思想指导新实践。习近平总书记在党的二十大报告中指出："全面依法治国是国家治理的一场深刻革命，关系党执政兴国，关系人民幸福安康，关系党和国家长治久安。必须更好发挥法治固根本、稳预期、利长远的保障作用，在法治轨道上全面建设社会主义现代化国家。"

法治建设与国家现代化建设是同步的。作为新时代的青年，必须要知法、懂法、学法、用法，更要守法。建筑设计类专业的学生未来走入职场，将面对企业，面对客户，面对商家，在这多种关系中，一旦出现问题或纠纷，如何以正确的方式和途径解决，是必须具备的素养。

培养法治思维，以法律为准绳判断是非对错，在出现矛盾与纠纷时，能够尊重法律，善于运用法律手段协调和解决问题，不仅可以为每个人增添一份厚重的安全保障，更可以促进整个社会的安定有序，为构建法治社会贡献力量。法治不仅带给我们界限，也带给我们保障，具有正确良好的法治思维，有利于在学习与生活中运用法律原则，法律规则，法律方法思考，处理和解决问题。

课后习题

一、填空题

1. 石膏制品是以_____为主要原料制成的一种材料。

2. 石膏制品是_____、_____、厚度较薄、加工方便、隔音绝热和防火等性能较好的建筑材料。

3. 石膏线以石膏为主，加入骨胶、麻丝、纸筋等纤维，可以增强石膏的强度，一般用于_____。

4. 粉刷石膏是一种新型的抹灰材料，是_____和半水石膏的混合。

二、判断题

（　　）1. 装饰石膏板吊顶施工时，顶棚内的管线、设备件需要吊固在轻钢骨架上。

（　　）2. 建筑装饰工程用石膏主要为建筑石膏、模型石膏、高强石膏、粉刷石膏等。均属于硬性胶凝材料。

（　　）3. 采用轻钢龙骨促成的隐蔽式装配吊顶时，不能采用胶黏剂将装饰石膏板、矿棉板直接粘贴在龙骨上。

（　　）4. 石膏制品体积膨胀系数较小，仅为1%，基本上可以忽略不计，优于其他装饰材料。

项目七

陶瓷、玻璃装饰材料与施工工艺

 项目概述

　　用于建筑物饰面或作为建筑构件的陶瓷制品，称为建筑陶瓷。建筑陶瓷具有强度高、性能稳定、耐腐蚀性好、耐磨、防水、防火、易清洗和装饰性好等特点。随着近代科学技术的发展，需要充分利用陶瓷材料的物理和化学性质，生产出许多新的陶瓷品种，如氧化物陶瓷、压电陶瓷、碳化物陶瓷、金属陶瓷等各种高温结构陶瓷和功能陶瓷，统称为新型陶瓷或特种陶瓷、精密陶瓷。

　　玻璃具有视像清晰而又防风雨的性能。通常玻璃易碎，但是通过掺合其他成分，可以使之强化，防碎。随着现代建筑技术的发展，人们对建筑物的功能和适用性要求的不断提高，促使玻璃制品朝着多品种、多功能方向发展。现代建材工业技术更多地把装饰性与功能性联系在一起，生产出了许多性能优良的新型玻璃，从而为现代建筑设计提供了更广泛的选材余地。这些玻璃以其特有的内在和外在特征以及优良性能，在增加或改善建筑物的使用功能和适用性方面，以及美化建筑和建筑环境方面，起到了不可忽视的作用。

 学习目标

知识目标
（1）了解陶瓷装饰材料的分类以及施工工艺。
（2）了解玻璃装饰材料的分类以及施工工艺。

能力目标
（1）能够根据装饰风格选择和搭配陶瓷制品装饰材料。
（2）能够根据装饰风格选择和搭配玻璃制品装饰材料。

素质目标
（1）调研陶瓷、玻璃制品装饰材料的市场情况。
（2）了解陶瓷、玻璃制品装饰材料的行业发展情况。

思政目标
（1）培养学生勇于创新、严谨求实的学术风气和大无畏的精神。
（2）培养学生专注、严谨、敬业、求精的工作态度和职业精神。

任务工单

一、任务名称
玻璃墙面施工实践。

二、任务描述
全班同学以分组的形式,进行玻璃墙面安装施工实践,在任务准备的过程中完成表7-1的填写。

表7-1 实训表(一)

姓名		班级		学号	
学时		日期		实践地点	
实训工具	玻璃、衬底材料、固定用材料、玻璃刀、玻璃钻、玻璃吸盘、水平尺、托尺板、玻璃胶筒及固钉工具等				

三、任务目的
熟悉玻璃墙面安装施工工艺流程,为日后工作中的设计、施工操作积累经验。

四、分组讨论
全班学生以3~6人为一组,选出各组的组长,组长对组员进行任务分工并将分工情况记入表7-2中。

表7-2 实训表(二)

成员	任务
组长	
组员	
组员	
组员	
组员	
组员	

五、任务思考
(1)玻璃墙面施工的质量要求有哪些?
(2)玻璃固定的方式有哪些?

六、任务实施
在任务实施过程中,将遇到的问题和解决办法记录在表7-3中。

表7-3 实训表(三)

序号	遇到的问题	解决办法
1		
2		
3		

七、任务评价

请各小组选出一名代表展示任务实施的成果，并配合指导教师完成表7-4的任务评价。

表7-4 实训表（四）

评价项目	评价内容	分值	评价分值		
			自评	互评	师评
职业素养考核项目	考勤、纪律意识	10分			
	团队交流与合作意识	10分			
	参与主动性	10分			
专业能力考核项目	积极参与教学活动并正确理解任务要求	10分			
	认真查找与任务相关的资料	10分			
	任务实施过程记录表的完成度	10分			
	对常见玻璃墙面施工流程的掌握程度	20分			
	独立完成相应任务的程度	20分			
合计：综合分数＿＿自评（20%）+ 互评（20%）+ 师评（60%）		100分			
综合评价			教师签名		

任务一　认识陶瓷装饰材料

认识陶瓷装饰材料

陶瓷材料大多是氧化物、氮化物和碳化物等，这些材料是典型的电和热的绝缘体，且比金属和高分子材料更耐高温和腐蚀性环境。目前，市场上陶瓷的品牌、种类很多，不同种类的陶瓷特点不同，具体使用部位也有区别。现代装饰陶瓷产品总的发展趋势是：尺寸增大、精度提高、品种多样、色彩丰富、图案新颖、强度提高、收缩减少。施工对陶瓷产品的要求是便于铺贴、粘结牢固、不易脱落。

现在市场上装饰用的陶瓷，按使用功能可分为地砖、墙砖、腰线砖等；按材质大致可分为釉面砖、通体砖（防滑砖）、抛光砖、玻化砖、抛釉砖、微晶石、抛金砖、背景砖和马赛克等几大类。

传统的陶瓷是指以黏土及天然矿物为原料，经过粉碎、混炼、成型、熔烧等工艺过程制得的各种制品，又称为"普通陶瓷"。广义的陶瓷是指用陶瓷生产方法制造的无机非金属固体材料及其制品。陶瓷实际上是陶器和瓷器的总称，也称为烧土制品。陶瓷具有强度高、耐火、耐久、耐酸碱腐蚀、耐水、耐磨、易于清洗、生产简单的优点，故而用途极为广泛，应用于各个领域。

一、生产陶瓷的原材料

陶瓷所需要的原料可归纳为三大类，即具有可塑性的黏土类原料、具有非可塑性的石英类原料（瘠性原料）和熔剂原料。

1. 具有可塑性的黏土类原料

黏土是一种或多种呈疏松或胶状密实的含水铝硅酸盐类矿物的混合物，是多种微细矿物的混合体，主要由黏土矿物（含水铝硅酸盐类矿物）组成。此外，还含有石英、长石、碳酸盐、铁和钛的化合物等杂质。其化学成分主要是二氧化硅、三氧化二铝和水。

黏土的颗粒组成是指黏土中含有不同大小颗粒的百分比含量。常见的黏土矿物有高岭石、蒙脱石、水云母及少量的水铝英石。

在陶瓷制作的过程中，黏土本身具有可塑性，对瘠性原料可以起到黏结作用，从而使坯料能够良好地成型，同时使坯体在干燥过程中避免出现变形、开裂。黏土焙烧后能够形成莫来石，使陶瓷具有较高的强度、硬度，可耐急冷急热。

 知识链接

黏土的分类

根据杂质含量、耐火度，黏土可分为以下几种。

1. 高岭土

高岭土是高纯度的黏土，可塑性较差，烧后颜色由灰色变为白色。

2. 黏性土

黏性土是次生黏土，颗粒较细，可塑性好，含杂质较多。

3. 瘠性黏土

瘠性黏土较坚硬，遇水不松散，可塑性较差。

4. 页岩

页岩其性质与瘠性黏土相仿，但杂质较多，烧后呈灰、黄、棕、红等颜色。

5. 易熔黏土

易熔黏土也称为砂质黏土，含有大量的细砂、有机物等杂质，烧后呈红色。

6. 难熔黏土

难熔黏土难熔黏土也称为微晶高岭土和陶土，杂质含量较少，较纯净，烧后呈淡灰、淡黄、红等颜色。

7. 耐火黏土

耐火黏土也称为耐火泥，杂质含量较少，耐火温度高达158 ℃，烧后呈淡黄色、黄色。

2. 熔剂原料

熔剂原料包括长石和硅灰石。长石在陶瓷生产过程中可降低陶瓷制品的烧成温度，它与石英等一起在高温熔化后形成的玻璃态物质是釉彩层的主要成分。硅灰石在陶瓷中使用较广，加入制品后能明显改善坯体的收缩程度、提高坯体的强度，并能降低烧结温度。此外，硅灰石还可使釉面不会因气体析出而产生釉泡和气孔。

3. 具有非可塑性的石英类原料（瘠性原料）

最常用的瘠性原料是石英和熟料（黏土在一定温度下焙烧至烧结或未完全烧结状态下经粉碎制成的材料）等。瘠性原料的作用是调整坯体成型阶段的可塑性，减少坯体的干燥收缩及变形，抵消坯体烧成过程中产生的收缩。

二、陶瓷的分类

1. 按种类划分

从产品的种类来说，陶瓷可分为陶和瓷两大部分。

陶的烧结程度较低，有一定的吸水率（大于10%），断面粗糙无光，不透明，敲击声粗哑，既可施釉也可不施釉。

瓷的坯体较致密，烧结程度很高，基本不吸水（吸水率不超过0.5%），有一定的半透明性，敲击声清脆。

介于陶和瓷之间的一类产品称为炻，也称为半瓷或石胎瓷。炻与陶的区别在于陶的坯体多孔，而炻的坯体孔隙率却很低，吸水率较小（小于10%），其坯体致密，基本达到了烧结程度。炻与瓷的区别主要是炻的坯体较致密，但仍有一定的吸水率，同时多数坯体带有灰、红等颜色，且不透明；但其热稳定性优于瓷，可采用质量较差的黏土烧成，成本较瓷要低。

2. 按细密性、均匀性划分

瓷、陶和炻通常又按其细密性、均匀性各分为精、粗两类。

粗陶的主要原料为含杂质较多的陶土，烧成后带有颜色。建筑上常用的砖、瓦、陶管及日用缸器均属于这一类，其中大部分为一次烧成。

精陶是以可塑性好、杂质少的陶土、高岭土、长石、石英为原料，经素烧（温度为1 250～1 280 ℃）、釉烧（温度为1 050～1 150 ℃）两次烧成。其坯体呈白色或象牙色，多孔；吸水率为10%～12%，最大可达22%。精陶按用途不同可分为建筑精陶（釉面砖）、美术精陶和日用精陶。

粗炻是炻中均匀性较差、较粗糙的一类，建筑装饰上所用的外墙面砖、地砖、锦砖都属于粗炻类，是用品质较好的黏土和部分瓷土烧制而成的，通常带色，烧结程度较高，吸水率较小（4%～8%）。

细炻主要是指日用炻器和陈设品，由陶土和部分瓷土烧制而成，白色或带有其他颜色。宜兴紫砂陶即是一种不施釉的有色细炻器，一些建筑陶瓷砖也属于细炻。与粗炻砖相比，细炻砖吸水率更小（3%～6%），性能更加优良。

细瓷主要用于日用器皿和电工用瓷或工业用瓷。

建筑陶瓷中的玻化砖和陶瓷马赛克则属于粗瓷，吸水率极低（0.5%以下），可认为不透水，其坯体由优质瓷土经深度烧结制成。表面既可施釉也可不施釉，表面不施釉的玻化砖经抛光仍可有极高的光亮度。

3. 其他分类

陶瓷制品还可分为普通陶瓷（传统陶瓷）和特种陶瓷（新型陶瓷）两大类。

普通陶瓷根据其用途不同可分为日用陶瓷、建筑卫生陶瓷、化工陶瓷、化学陶瓷、电工陶瓷及其他工业用陶瓷。

特种陶瓷可分为结构陶瓷和功能陶瓷两大类。

> **知识链接**
>
> **釉**
>
> 釉是覆盖在陶瓷制品表面的一层玻璃质薄层物质，它具备玻璃的特性，光泽、透明。釉使陶瓷制品具有不吸水、耐风化、易清洗、面层坚实等特点。釉的作用在于改善陶瓷制品的表面性能，提高制品的力学强度、电光性、化学稳定性和热稳定性。在釉下装饰中，釉层还可以保护画面，防止彩料中有毒元素溶出导致的釉着色、析晶、乳浊等。此外，釉还能增加产品的艺术性，掩盖坯体的不良颜色和某些缺陷。
>
> 釉的性质如下。
>
> （1）釉料能在坯体烧结温度下成熟，一般要求釉的成熟温度略低于坯体的烧成温度。
>
> （2）釉料要与坯体牢固地结合，其热膨胀系数稍小于坯体的热膨胀系数。
>
> （3）釉料经高温熔化后，应具有适当的黏度和表面张力。
>
> （4）釉层质地坚硬、耐磕碰、不易磨损。

三、建筑陶瓷产品常见种类

1. 釉面砖

釉面砖是用耐火黏土或瓷土经低温烧制而成的，胚体表面加釉。釉面砖表面可以做各种图案和花纹，防滑性能较好（图7-1）。

（1）釉面砖的种类

釉面砖的正面有釉，背面呈凹凸方格纹。由于釉料和生产工艺的不同，一般有白色釉面砖、彩色釉面砖、装饰釉面砖、印花釉面砖和瓷砖壁画等多种。

① 白色釉面砖

白色釉面砖颜色纯白，釉面光亮，给人以整洁大方之感，便于清洁。

图 7-1 釉面砖

② 彩色釉面砖

彩色釉面砖釉面光亮晶莹，色彩丰富多样；或釉面半无光，色泽一致，色调柔和，无刺眼感。

③ 装饰釉面砖

装饰釉面砖是在釉面砖上施以多种彩釉，经高温烧成。色、釉互相渗透，花纹千姿百态，装饰效果较好，有的具有天然大理石花纹，颜色丰富饱满，可与天然大理石相媲美。

④ 印花釉面砖

印花釉面砖是在釉面砖上装饰各种彩色图案，经高温烧成，纹样清晰，款式大方。有的产生浮雕、缎光、绒毛、彩漆等效果。印花釉面砖表面所施釉料品种很多，有彩色釉、光亮釉、珠光釉、结晶釉等。

⑤ 瓷砖壁画

瓷砖壁画是以釉面砖拼成各种瓷砖画，或根据已有画稿烧成釉面砖后再拼成各种瓷砖画。产品巧妙地运用绘画技法和陶瓷装饰艺术，经过放样、制版、刻画、配釉、施釉、烧成等一系列工序，采用浸点、涂、喷、填等多种施釉技法和丰富多彩的窑变技术最终形成独特的艺术效果。

另外，釉面砖根据原材料的不同又分为陶制釉面砖和瓷制釉面砖。其中，由陶土烧制而成的釉面砖吸水率较高，强度较低，背面为红色；由瓷土烧制而成的釉面砖吸水率较低，强度较高，背面为灰白色。目前，主要用于墙地面铺设的是瓷制釉面砖，因其具有质地紧密、美观耐用、易于保洁、孔隙率较小、膨胀不显著等特点。

知识链接

釉面砖的应用

釉面砖的应用非常广泛，但不宜用于室外，因为室外的环境一般比较潮湿（我国南方地区），而此时釉面砖就会吸收水分产生湿胀，其湿胀应力大于釉层的抗拉强度时，釉层就会产生裂纹。所以，釉面砖主要用于室内的厨房、浴室、卫生间等的内墙面和地面，它可使室内空间具有独特的卫生、易清洗和装饰美观的效果（图7-2）。

图7-2 釉面砖

（2）釉面砖的规格

釉面墙砖的规格一般为（长×宽×厚）200 mm×200 mm×5 mm、200 mm×300 mm×5 mm、250 mm×300 mm×6 mm、300 mm×450 mm×6 mm等。高档釉面墙砖还配有一定规格的腰线砖、踢脚板砖、顶脚线、花片砖等，均有色彩和装饰，但价格昂贵。釉面地砖的规格一般为（长×宽×厚）250 mm×250 mm×6 mm、300 mm×300 mm×6 mm、

500 mm×500 mm×8 mm、600 mm×600 mm×8 mm、800 mm×800 mm×10 mm 等。

2. 玻化砖

玻化砖是一种强化的抛光砖，它采用高温烧制而成，质地比抛光砖更硬，也更耐磨（图7-3）。玻化砖由石英砂、黏土等按照一定比例烧制而成，然后经打磨光亮但不需要抛光；表面如玻璃镜面一样光滑透亮，是目前所有瓷砖中最硬的一种，其在吸水率、边直度、弯曲强度、耐酸碱等方面要优于普通釉面砖、抛光砖。

图 7-3 玻化砖的应用

因为制造工艺的区别，玻化砖的致密程度要比一般地砖更高，其表面光洁但又不需要抛光，所以不存在抛光气孔的问题。玻化砖与抛光砖的主要区别就是吸水率（吸水率越低，玻化程度越好，产品的物理、化学性能越好），抛光砖吸水率低于0.5%时属于玻化砖，高于0.5%属于抛光砖。将玻化砖进行镜面抛光处理即得玻化抛光砖，因为吸水率低的缘故，其硬度也相对比较高，不容易有划痕。

玻化砖具有如下特点。

（1）色彩艳丽、柔和，没有明显的色差。

（2）无有害元素。

（3）砖体轻巧，可减少建筑物的荷载。

（4）抗弯强度大。

（5）性能稳定，耐腐蚀，不易污损。

玻化砖以地砖居多，规格较大，常用的规格有（长×宽×厚）600 mm×600 mm×8 mm、800 mm×800 mm×10 mm、900 mm×900 mm×10 mm、1 000 mm×1 000 mm×12 mm、1 200 mm×1 200 mm×12 mm。

> **知识链接**
>
> ### 玻化砖和釉面砖的区别
>
> 釉面砖瓷含量低，但表面喷了釉质，所以漂亮而且不易污损，主要用在厨房和卫生间的墙面、地面。玻化砖是全瓷砖，硬度高、耐磨，长久使用不容易出现表面破损，性能稳定，主要用于客厅地面及卫生间墙面。釉面砖在颜色效果方面比较多样化，防污防滑，但耐磨能力比玻化砖要差，长久使用后表面可能磨损较大。

3. 仿古砖

仿古砖又称为古典砖、复古砖，是从彩釉砖演化而来的，实质是上釉的瓷质砖。仿古砖属于普通瓷砖，材料性质基本相同，"仿古"指的是砖的效果，即有仿古效果的瓷砖。仿古砖的技术含量相对较高，先经液压机压制后，再经上千摄氏度的高温烧结，使其强度很高，具有极强的耐磨能力，经过精心研制的仿古砖兼具防水、防滑、耐腐蚀等特性。

仿古砖仿造"怀旧"的样式做旧，用带着古典的独特韵味吸引着人们的目光，体现出岁月的沧桑、历史的厚重，通过样式、颜色、图案营造出怀旧的氛围（图7-4）。

图7-4　仿古砖制品及应用

4. 抛光砖

抛光砖就是将通体砖（通体砖是表面不上釉的陶瓷砖，是一种正反两面的材质和色泽一致的耐磨砖）坯体的表面经过打磨，经抛光处理制成的一种高亮度砖，属于通体砖的一种（图7-5）。相对于通体砖而言，抛光砖的表面要光洁得多。抛光砖坚硬耐磨，适合在除洗手间、厨房以外的多数室内空间中使用。在运用渗花技术的基础上，抛光砖可以得到各种仿石、仿木的效果。

图 7-5 抛光砖

抛光砖的常见规格为（长 × 宽 × 厚）600 mm × 600 mm × 10 mm、800 mm × 800 mm ×（10～12）mm；较小规格为 500 mm × 500 mm × 8 mm；大规格为 600 mm × 1 200 mm ×（10～15）mm、1 000 mm × 1 000 mm ×（12～18）mm；特大规格为 1 200 mm × 1 200 mm × 20 mm。

知识链接

抛光砖的优、缺点

抛光砖的优点如下。

1. 无放射性

天然石材属矿物质，含有一些微量放射性元素，长期接触会对人体有害；抛光砖无放射性元素，不会对人体造成放射性伤害。

2. 基本无色差

天然石材由于成岩时间、岩层深度不同色差较大；抛光砖经精心调配，同批产品花色一致，基本无色差。

3. 强度高

天然石材由于自然形成，成材时间、风化情况等不尽相同，导致致密程度、强度不一；而抛光砖由液压机压制，再经 1 200 ℃ 以上高温烧结，强度高且均匀。

4. 相对轻巧

抛光砖砖体薄、质量轻；天然石材加工厚度较大，增加了楼层的荷载，而且运输、铺贴困难。

抛光砖有一个致命的缺点就是易脏，这是抛光砖在抛光时留下的凹凸气孔造成的。这些气孔会藏纳污垢，甚至是茶水倒在抛光砖上都极难清洗，所以一些质量好的抛光砖在出厂时都加了一层防污层。

5. 劈离砖

劈离砖又称为劈裂砖，是一种用于内外墙面或地面装饰的建筑装饰瓷砖（图 7-6）。

劈离砖以软质黏土、页岩、耐火土和熟料为主要原料，再加入色料等，经配料、混合破碎、脱水、练泥、真空挤压成型、干燥、高温焙烧制成。劈离砖由于烧成后"一劈为二"，所以烧成阶段的坯体总表面积仅为成品坯体总表面积的一半，显著节约了窑内放置坯体的空间，提高了生产效率。

图 7-6　劈离砖

（1）劈离砖的分类

劈离砖按表面的粗糙程度可分为光面砖和毛面砖两种，光面砖坯料中的颗粒较细，产品表面较光滑和细腻；而毛面砖坯料中的颗粒较粗，产品表面有突出的颗粒和凹坑。劈离砖按表面形状可分为平面砖和异型砖等。

（2）劈离砖的用途

劈离砖按用途分为地砖、墙砖、踏步砖、角砖（异型砖）等类型。劈离砖用于地砖时，尺寸通常为 200 mm×200 mm、240 mm×240 mm、300 mm×300 mm、200 mm（270 mm）×75 mm，劈离后单块厚度为 14 mm；劈离砖用于踏步砖时，尺寸通常为 115 mm×240 mm、240 mm×52 mm，劈离后单块厚度为 11 mm 或 12 mm。

劈离砖具有质地密实、抗压强度高、吸水率小、耐酸碱、耐磨、耐压、防滑、性能稳定、抗冻等优点。劈离砖主要用于建筑的内外墙装饰，也适用做车站、机场、餐厅等室内地面的铺贴材料。劈离砖中的厚型砖多用于室外景观（如甬道、花园、广场等露天地面）的地面铺装材料。

6. 装饰木纹砖

装饰木纹砖是一种表面呈现木纹装饰图案的高档陶瓷砖新产品，其纹路十分逼真且容易保养，是一种亚光釉面砖（图 7-7）。它以线条明快、图案清晰为特色，装饰木纹砖逼真效果很好，能惟妙惟肖地模仿木头的细微纹路。装饰木纹砖具有耐用、耐磨、不含甲醛、纹理自然、防水、易于清洗、阻燃、耐腐蚀等特点，同时使用寿命长，无须像木制产品那样周期性地打蜡保养。

装饰木纹砖既适用于餐厅、酒吧、专卖店等商业空间，也适用于客厅、阳台、厨房、起居室和洗手间等居室空间。

7. 陶瓷马赛克

陶瓷马赛克又称为陶瓷锦砖，一般制成 18.5 mm × 18.5 mm × 5 mm、39 mm × 39 mm × 5 mm 的各种颜色的小方块，或边长为 25 mm 的六角形块体等（图 7-8）。陶瓷马赛克具有抗冻性好、强度极限高、断裂模数高、热稳定性好、耐化学腐蚀、耐磨、抗冲击强度高、耐酸碱等特点。陶瓷马赛克是由数块小瓷砖组成单联的，因此拼贴成联的每块小砖的间距即每联的线路要求均匀一致，以达到令人满意的铺贴效果。

图 7-7　装饰木纹砖

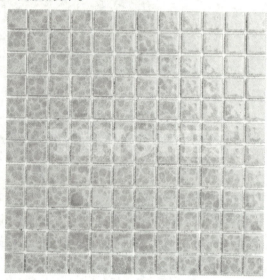

图 7-8　陶瓷马赛克制品及应用

> **知识链接**
>
> **陶瓷马赛克的品种**
>
> （1）按表面质地可分为有釉马赛克、无釉马赛克和艺术马赛克。
>
> （2）按形状可分为正方形陶瓷马赛克、长方形陶瓷马赛克、六角形陶瓷马赛克和菱形陶瓷马赛克等。
>
> （3）按色泽可分为单色陶瓷马赛克和拼花陶瓷马赛克。
>
> （4）按用途可分为内外墙马赛克、铺地马赛克、广场马赛克、梯阶马赛克和壁画马赛克。

（1）陶瓷马赛克的规格

陶瓷马赛克是由各种不同规格的数块小瓷砖粘贴在牛皮纸上，或粘在专用的尼龙丝网上拼成单联构成的，单块规格一般为 25 mm × 25 mm、45 mm × 45 mm、100 mm × 100 mm 和 45 mm × 95 mm；单联的规格一般为 285 mm × 285 mm、300 mm × 300 mm 或 318 mm × 318 mm。

（2）陶瓷马赛克的用途

陶瓷马赛克色彩表现丰富、色泽美观稳定，单块元素小巧玲珑，可拼成风格各异的图案，如风景、动物、花草等，适用于喷泉、游泳池、酒吧、舞厅等的装饰。同时，由于防滑性能优良，也常用于家庭卫生间、浴池、阳台、餐厅、客厅的地面装修以及工业与民用建筑的工作车间、实验室、走廊、门庭的墙地面。

任务二　陶瓷装饰材料施工工艺

一、墙面陶瓷马赛克施工

墙面粘贴陶瓷马赛克的排砖、分格必须按照施工图纸上的横、竖装饰线进行，竖向分格缝要求在窗台及留口边都为整张排列，窗洞、窗台、挑檐、腰线等凹凸部分都要进行全面排列。分格出来的横缝应与窗台、门窗相平。

墙面陶瓷马赛克铺贴构造如图7-9所示。

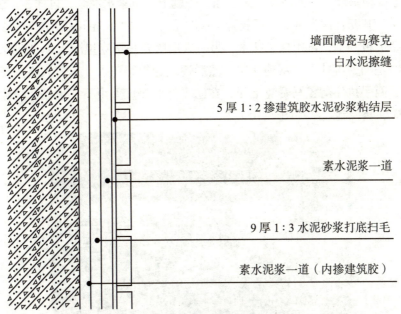

图7-9　墙面陶瓷马赛克铺贴构造

（标注：墙面陶瓷马赛克；白水泥擦缝；5厚1∶2掺建筑胶水泥砂浆粘结层；素水泥浆一道；9厚1∶3水泥砂浆打底扫毛；素水泥浆一道（内掺建筑胶））

陶瓷马赛克的镶贴方法有三种：硬贴法、软贴法和干灰撒缝湿润法。

1. **陶瓷马赛克软贴法工艺流程**

下面以陶瓷马赛克软贴法为例讲解墙面陶瓷马赛克施工的操作工艺。

（1）基层处理

基层为混凝土表面时，若基层表面很光滑，应进行凿毛处理。操作时先将表面污垢清理干净,浇水湿润,然后将细水泥砂浆喷撒或用毛刷将砂浆甩到光滑基面上,甩点要均匀。砂浆终凝后再浇水养护,直到水泥砂浆疙瘩有较高的硬度,用手掰不动为止。基层为砌体表面时,应提前一天浇水湿润,将表面的灰尘、污物、油渍等清理干净,还可根据实际需要满涂一层防水涂料。

(2)找平层抹灰

找平层抹灰一般分两次操作,第一层抹薄层,用抹子压实;第二层用相同配合比的砂浆按标筋抹平后再用短刮杠刮平,低凹处要填平补齐;最后用木抹子搓出麻面,然后根据环境温度情况在终凝后浇水养护。

(3)弹控制线

贴陶瓷马赛克前应放出施工大样,根据具体高度弹出若干条水平控制线。在弹水平线时,应计算陶瓷马赛克的块数,使两线之间保持整砖数。如分格需按总高度均分,可先根据设计与陶瓷马赛克的品种、规格定出缝隙宽度,再加工分格条。但要注意,同一墙面不得有一排以上的非整砖,并应将非整砖镶贴在较隐蔽部位。

(4)铺贴陶瓷马赛克

铺贴一般是自下而上进行的。铺贴陶瓷马赛克时,墙面要浇水润湿,并在弹好水平线的下口处支上一根垫尺。一人浇水润湿墙面,先刷上一道素水泥浆,再抹2~3 mm厚的混合砂浆粘结层,其配合比为纸筋:石灰膏:水泥(1:1:2),也可采用1:1:3水泥纸筋砂浆,然后用靠尺板刮平,再用抹子抹平;另一人向陶瓷马赛克里灌入1:1细水泥砂浆,用软毛刷子刷净毛面,再抹上一层薄灰浆,然后逐块递给第三人;第三人将陶瓷马赛克四边的砂浆刮掉,两手执住陶瓷马赛克上面,在已支好的垫尺上由下往上贴,缝隙要对齐,注意按弹好的横、竖控制线贴(图7-10)。

图7-10 铺贴陶瓷马赛克

(5)拍板赶缝

刮上水泥浆以后必须立即铺贴陶瓷马赛克,否则纸浸湿了就会脱胶掉粒或发生撕裂。由于水泥浆未凝结前具有流动性,陶瓷马赛克贴上墙面后在自身质量的作用下会有少许下坠；又由于工人操作的误差，联与联之间的横、竖缝隙易出现误差，故铺贴之后应及时用木拍板满敲赶缝，进行调整。

（6）撕纸

陶瓷马赛克是用易溶于水的胶粘在纸上的，湿水后胶便溶于水而失去粘结作用，很容易将纸撕掉。但撕纸时要注意力的作用方向，用力方向若与墙面垂直则很容易将单粒陶瓷马赛克拉掉。

（7）擦缝

粘贴后48小时可以擦缝，先用抹子把近似陶瓷马赛克颜色的擦缝水泥浆摊放在需擦缝的陶瓷马赛克上；然后用刮板将水泥浆往缝隙里刮满、刮实、刮严，再用麻丝和擦布将表面擦净。如需清洗饰面，应待擦缝材料硬化后方可进行。

2. 质量要求

（1）陶瓷马赛克的品种、规格、图案、颜色和性能应符合设计要求及中华人民共和国国家标准GB/T 4103.1–2017《合金铜棒 第1部分：无缝铜棒》的有关规定。

（2）陶瓷马赛克粘贴用的找平、防水、粘结和填缝等材料及施工方法应符合设计要求及国家现行标准的有关规定。

（3）陶瓷马赛克粘贴应牢固。

（4）满粘法施工的陶瓷马赛克应无裂缝，大面和阳角应无空鼓。

（5）陶瓷马赛克表面应平整、洁净、色泽一致，应无裂痕和缺损。

（6）内墙面突出物周围的陶瓷马赛克应整砖套割匹配，边缘应整齐。墙裙、贴脸等处突出墙面的厚度应一致。

（7）陶瓷马赛克的接缝应平直、光滑，填嵌应连续、密实；宽度和深度应符合设计要求。

> **知识链接**
>
> **陶瓷马赛克软贴法成品保护要求**
>
> （1）铺贴好陶瓷马赛克的墙面，应有切实可靠的防止污染的措施。同时，要及时擦干净残留在门窗框（扇）上的砂浆，特别是铝合金等门窗框（扇）应预先粘贴好保护膜，预防污染。
>
> （2）每层抹灰层在凝结前应防止风干、暴晒、水冲、撞击和振动。
>
> （3）少数工种的各种施工作业应做在陶瓷马赛克铺贴之前，防止损坏面砖。
>
> （4）拆除脚手架时注意不要碰撞墙面。
>
> （5）合理安排工艺流程，避免相互间的污染。

3. 常见问题及原因

（1）空鼓

基层清洗不干净；抹底灰时基层没有保持湿润；砖块铺贴时没有用毛刷蘸水擦净表面

灰尘；铺贴时，底灰面层没有保持湿润，粘贴用水泥浆不饱满、不均匀；砖块贴上墙面后没有用铁抹子拍实或拍打不均匀；基层表面偏差较大，基层施工或处理不当；砂浆配合比不准，稠度控制不好，砂的泥含量过大；在同一施工面上采用几种不同配合比的砂浆，产生不同的干缩造成空鼓。施工时应严格按照工艺标准操作，重视基层处理和自检工作，发现空鼓的应随即返工重贴。

（2）墙面不干净

撕纸后没有及时将残留的纸毛、水泥浆清干净；擦缝后没有将残留在砖面的白水泥浆彻底擦干净。

（3）缝歪斜、块粒凹凸不平

砖块规格不一，又没有挑选分类使用；铺贴时控制不严格，没有对好缝，撕纸后没有调缝；底灰不够平整，粘贴水泥浆的厚度不均匀，砖块贴上墙面后没有用铁抹子均匀拍实。

（4）墙面不平整

施工前没有认真按图样尺寸去核对结构施工的实际情况，施工时对基层处理又不够认真；贴灰饼的控制点很少，造成墙面不平整；弹线、排砖不仔细；每张陶瓷马赛克的规格不一致，施工中选砖不仔细、操作不当等。

（5）阴（阳）角不方正

阴（阳）角不方正主要是由于打底灰时不按设计要求吊直、套方、找规矩所致。

> **知识链接**
>
> **其他陶瓷马赛克镶贴方法施工流程**
>
> 1. 陶瓷马赛克硬贴法工艺流程
>
> 基层处理→找平层抹灰→墙面刮浆→铺贴陶瓷马赛克→拍板赶缝→撕纸→擦缝。
>
> 2. 陶瓷马赛克干灰撒缝湿润法工艺流程
>
> 铺贴时，在陶瓷马赛克纸的背面撒1∶1细砂水泥干灰充盈拼缝，然后用灰刀刮平；并洒水使缝内干灰湿润成水泥砂浆，再按软贴法其余流程铺贴于墙面。

二、室内陶瓷地砖施工工艺

1. 室内陶瓷地砖施工工艺流程

（1）砖材浸水

陶瓷地砖在铺贴前应在水中充分浸泡，以保证铺贴后不会因过快吸收粘结砂浆中的水分而影响粘贴质量（图7-11）。地砖浸水后阴干备用，阴干时间一般为3~5小时，以地砖表面有潮湿感但手按无水迹为宜。

（2）基层处理

检查楼地面平整度，清理基层并冲洗干净，

图7-11　砖材浸水

尤其要注意清理表面残留的砂浆、尘土、油渍等。

（3）弹线定位

根据设计要求确定地面标高线和平面位置线，可用尼龙线或棉线绳在墙面的标高点上拉出地面标高线以及垂直交叉的定位线。弹线时以房间中心点为原点，弹出相互重叠的定位线。施工时应注意以下方面。

① 应距墙边留出 200～300 mm 间隙作为调整区间。

② 房间内外地砖品种不同时，其交接线应在门扇下的中间位置，且门口不应出现非整砖，非整砖应放在房间不显眼的位置。

③ 有地漏的房间应注意坡度、坡向。

（4）铺贴地砖

施工时先找好位置和标高，从门口开始，纵向先铺 2～3 行砖，以此为标筋拉纵横水平标高线。铺贴时应从里面向外退着操作，人不得踏在刚铺好的砖面上。具体操作程序如下。

① 找平层上均匀涂刷素水泥浆，涂刷面积不要过大，铺多少砖就涂刷多大面积（图7-12）。

图 7-12 铺贴地砖

② 铺设结合层时一般采用配合比为 1∶3 的干硬性水泥砂浆结合层，干硬性程度以手捏成团落地即散为宜，结合层厚度约为 30 mm。结合层铺好后用大杠尺刮平，再用抹子拍实找平。

③ 铺贴时，砖的背面朝上抹素水泥浆，铺砌到已刷好的水泥浆找平层上；找正、找直、找方后，用橡胶锤将砖拍实，做到砂浆饱满、相接紧密、结实。

④ 拨缝、修整。铺贴过程中应随时拉线检查缝格的平直度，如超出规定应立即修整，将缝拨直并用橡胶锤拍实。此项工作应在结合层凝结之前完成。

（5）擦缝

面层铺贴完后应在 24 小时后进行擦缝工作，擦缝应采用同品种、同强度等级、同颜色的水泥，或是专用嵌缝材料。

（6）养护

铺完砖 24 小时后洒水养护，养护时间不应少于 7 天。

> **知识链接**
>
> ### 室内陶瓷地砖施工材料与工具
>
> 1. 主要材料
>
> 　　室内陶瓷地砖主要材料：陶瓷地砖；强度等级 32.5 以上的普通硅酸盐水泥、粗砂、中砂、建筑胶。
>
> 2. 主要工具、材料
>
> 　　室内陶瓷地砖主要工具、材料，铁锹、木工铅笔、切割机、橡胶锤、泥抹子、水平尺、填缝剂、水泥、砂、筛、套方角尺、工程线、钢卷尺。

2. 成品保护

（1）在铺贴板块的操作过程中，对已安装好的门框、管道都要加以保护，如给门框钉装保护层、运灰车采用窄车等。

（2）切割地砖时，不得在刚铺贴好的砖面层上操作。

（3）铺贴完后，铺贴砂浆的抗压强度达 12 MPa 时，方可上人进行操作；但必须注意油漆、砂浆不得存放在板块上，铁管等硬质物品不得碰坏砖面层；喷浆时要对面层进行覆盖保护。

3. 质量要求

（1）块材的排列应符合设计要求，门口处宜采用整块。非整块的宽度不宜小于整块的 1/3。

（2）块材地面材料的品种、规格、图案、颜色和性能应符合设计要求。

（3）块材地面工程的找平、防水、粘结和勾缝等材料应符合设计要求和国家现行有关产品标准的规定。

（4）块材地面铺贴的位置、整体布局、排布形式、拼花图案应符合设计要求。

（5）块材地面面层与基层应结合牢固、无空鼓。

（6）块材地面面层表面应平整、洁净、色泽基本一致，无裂纹、划痕、磨痕、掉角、缺棱等缺陷。

（7）块材地面的边角应整齐，接缝应平直、光滑、均匀，纵横交接处应无明显错台、错位，填嵌应连续、密实。

（8）块材地面与墙面或地面突出物周围的套割应匹配，边缘应整齐。块材地面与踢脚板的交接应紧密，缝隙应顺直。

（9）踢脚板固定应牢固，高度、出墙厚度应保持一致，上口应平直；地面与踢脚板的交接应紧密，缝隙应顺直。

4. 常见问题及原因

（1）空鼓

基层清理不干净、洒水湿润不均、砖未浸水、水泥浆结合层涂刷面积过大导致风干后起隔离作用、上人过早影响粘结层强度等都是导致空鼓的原因。

（2）板块表面不洁净

板块表面不洁净主要是因为做完面层之后成品保护不够，如油漆桶放在地砖上、在地砖上拌和砂浆、刷浆时不覆盖等，从而造成污染。

（3）有地漏的房间倒坡

有地漏的房间倒坡的原因是做找平层砂浆时，没有按设计要求的泛水坡度进行弹线找坡。必须在找标高、弹线时找好坡度，抹灰饼和标筋时要抹出泛水。

（4）地面铺贴不平、出现高低差

地面铺贴不平、出现高低差的原因是对地砖未进行预先挑选，砖的厚度不一致造成高低差，或铺贴时未严格按水平标高线进行控制。

（5）地面标高错误

地面标高错误此问题多出现在厕浴间，原因是防水层过厚或结合层过厚。

（6）厕浴间泛水过小或局部倒坡

厕浴间泛水过小或局部倒坡的原因是地漏安装过高或 500 mm 线不准。

三、室内陶瓷墙面砖施工工艺

1. 室内陶瓷墙面砖施工工艺流程

（1）基体为混凝土墙面时的操作工艺

① 基层处理

将突出墙面的混凝土剔平，对采用大型钢模板施工的混凝土墙面应凿毛，并用钢丝刷满刷一遍，再浇水湿润。如果基层混凝土表面很光滑，也可采取毛化处理办法。

② 抹底层砂浆

先刷一道水泥素浆（掺水重 10% 的建筑胶），紧接着分层抹底层砂浆（常温时采用配合比为 1∶3 的水泥砂浆），每一层厚度宜为 5 mm，抹完后用木抹子搓平，隔天浇水养护。待第一层水泥砂浆六七成干时，即可抹第二层，厚度为 8～12 mm，随即用木杠刮平，用木抹子搓毛，隔天浇水养护。若需要抹第三层，其操作方法同第二层，直到把底层砂浆抹平为止（图 7-13）。

图 7-13　室内陶瓷墙面砖施工

③ 弹线

待底层灰六七成干时，按图纸要求，根据陶瓷面砖的规格并结合实际条件进行分段分格弹线。

④ 排砖

根据大样图及墙面尺寸进行横、竖向排砖，以保证面砖缝隙均匀。注意大墙面和柱子要排整砖，在同一墙面上的横、竖排列均不得有小于1/3砖的非整砖。非整砖应排在次要部位，如窗间墙或阴角处等，应注意一致和对称。如遇有突出的卡件，应用整砖套割匹配，不得用非整砖随意拼凑镶贴。

⑤ 贴标准点

用废砖贴标准点，用做灰饼的混合砂浆将废砖贴在墙面上，用以控制贴砖的表面平整度。

⑥ 垫底尺

准确计算最下皮砖的下口标高，底尺的上皮一般比地面低 10 mm 左右，以此为依据垫好底尺，要求水平、稳固。

⑦ 选砖、浸泡

面砖镶贴前，应挑选颜色、规格一致的砖。浸泡砖时，将面砖清扫干净，放入净水中浸泡2小时以上，取出待表面晾干或擦净余水后方可使用。

⑧ 镶贴面砖

镶贴应自下而上进行，从最下一层砖下端的位置线先稳好靠尺，以此托住第一端面。在面砖外皮上口拉水平通线作为镶贴的标准。宜采用1:2水泥砂浆进行镶贴，砂浆厚度为6～10 mm。镶贴完后用灰铲柄轻轻敲打，使之附线，用木杠通过标准点调整水平度和垂直度。

⑨ 面砖擦缝

面砖镶贴完经检查无空鼓且尺寸满足设计要求后，用棉布擦干净，再用勾缝胶、白水泥擦缝；最后用棉布将擦缝处的素浆擦匀，将砖面擦净。

（2）基体为砖墙面时的操作工艺

① 基层处理

抹灰前，墙面必须清扫干净，浇水湿润。

② 抹底层砂浆

用 12 mm 厚的 1∶3 水泥砂浆打底，打底要分层涂抹，每层厚度以 5～7 mm 为宜，随即抹平搓毛。

③ 弹线

待底层灰六七成干时，按图纸要求，根据陶瓷面砖的规格并结合实际条件进行弹线。

④ 排砖

根据大样图及墙面尺寸进行横、竖向排砖，以保证面砖缝隙均匀。注意大墙面和柱子要排整砖，在同一墙面上的横、竖排列均不得有小于 1/4 砖的非整砖。非整砖应排在次要部位，如窗间墙或阴角处等，应注意一致和对称。如遇有突出的卡件，应用整砖套割匹配，不得用非整砖随意拼凑镶贴。

⑤ 贴标准点

用废砖贴标准点，用做灰饼的混合砂浆将废砖贴在墙面上，用以控制贴砖的表面平整度。

⑥ 垫底尺

准确计算最下皮砖的下口标高，底尺的上皮一般比地面低 10 mm 左右，以此为依据垫好底尺，要求水平、稳固。

⑦ 选砖、浸泡

面砖镶贴前，应挑选颜色、规格一致的砖。浸泡砖时，将面砖清扫干净，放入净水中浸泡 2 小时以上，取出待表面晾干或擦净余水后方可使用。

⑧ 镶贴面砖

镶贴应自下而上进行，先抹 8 mm 厚、配合比为 1∶0.1∶2.5 的水泥石灰膏砂浆结合层，要涂抹平整；随抹随自下而上镶贴面砖，要求砂浆饱满。亏灰时要取下重贴，并随时用靠尺检查平整度，同时保证缝隙宽度一致。

⑨ 面砖擦缝

面砖镶贴完经检查无空鼓且尺寸满足设计要求后，用棉布擦干净，再用勾缝胶、白水泥擦缝；最后用棉布将擦缝处的素浆擦匀，将砖面擦净。

2. 质量要求

（1）陶瓷墙面砖的品种、规格、图案、颜色和性能应符合设计要求及国家现行标准的有关规定。

（2）陶瓷墙面砖镶贴用的找平、防水、粘结和填缝等材料及施工方法应符合设计要求及国家现行标准的有关规定。

（3）陶瓷墙面砖镶贴应牢固。

（4）满粘法施工的陶瓷墙面砖应无裂缝，大面和阳角应无空鼓。

（5）陶瓷墙面砖表面应平整、洁净、色泽一致，应无裂痕和缺损。

（6）内墙面突出物周围的陶瓷墙面砖应整砖套割匹配，边缘应整齐。墙裙、贴脸等处突出墙面的厚度应一致。

（7）陶瓷墙面砖的接缝应平直、光滑，填嵌应连续、密实；宽度和深度应符合设计要求。

知识链接

室内陶瓷墙面砖成品保护

（1）要及时清除残留在门框上的砂浆，特别是铝合金等门窗宜粘贴保护膜，预防污染、锈蚀，施工人员应加以保护，不得碰坏。

（2）认真执行合理的施工顺序，少数工种（水、电、通风、设备安装等）的工作应做在前面，防止损坏面砖。

（3）涂刷油漆时，不得将油漆喷滴在已完工的陶瓷墙面砖上。如果面砖上部为涂料，宜先施工涂料，然后贴面砖，以免污染墙面；当需先做面砖时，完工后必须采取贴纸或塑料薄膜等措施，防止污染砖面。

（4）各抹灰层在凝结前应防止风干、水冲和振动，以保证各层有足够的强度。

（5）搬、拆脚手架时注意不要碰撞墙面。

（6）装饰材料和饰件、饰面等的构件，在运输、保管和操作过程中必须采取措施防止损坏。

任务三　认识玻璃装饰材料

现代装饰材料用玻璃是以石英砂、纯碱、长石和石灰石等为主要原料。经熔融、成型、冷却固化制成的，是一种非结晶无机材料。它具有一般装饰材料难有的透明性，具有优良的力学性能和热工性质。随着现代建筑、装饰发展的需要，玻璃不断向多功能方向发展。玻璃的深加工制品具有控制光线、调节温度、防噪声、防火防盗和提高建筑艺术装饰水平等功能。玻璃已不再只是采光材料，而是现代建筑的一种结构材料和装饰材料。

玻璃的主要化学成分有二氧化硅、氧化钙、氧化钠以及少量的氧化镁和氧化铝等。这些氧化物可以改善玻璃的性能并由此满足不同的需求。

玻璃的主要原料有纯碱、石灰石、石英砂、长石等。制作玻璃时，先将原料进行粉碎，按设计配合比混合，经1 500 ~ 1 600 ℃高温熔融成型，再经急冷制成。

玻璃具有良好的物理、化学性能和技术特性，有较高的结构强度和硬度，化学稳定性、热稳定性、透光性均较好。

玻璃的用途较为广泛，涉及交通运输、建筑工程、机电、仪表、化工、国防以及人们日常生活的各个领域。

玻璃按照性能特点可以分为平板玻璃、装饰玻璃、安全玻璃和节能玻璃等；按照生产工艺可以分为普通平板玻璃、浮法玻璃、磨砂玻璃、喷砂玻璃、冰花玻璃、彩色玻璃、镜面玻璃、热熔玻璃、压花玻璃、镭射玻璃、钢化玻璃、热弯玻璃、夹丝玻璃、夹层玻璃、防弹玻璃、中空玻璃、热反射玻璃、低辐射玻璃和变色玻璃等。

一、平板玻璃

平板玻璃是指没有经过特殊加工的平板状玻璃，也称为白片玻璃或净片玻璃（图7-14）。平板玻璃具有良好的透视性，对太阳中的近红外线的透过率较高，但对可见光射至室内墙面、地面、家具和织物等表面反射产生的远红外线能有效阻挡，故可产生明显的"暖房效应"。无色透明平板玻璃对太阳光中紫外线的透过率较低。

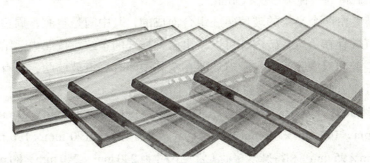

图7-14 平板玻璃制品

平板玻璃具有隔声和一定的保温性能，其抗拉强度远小于抗压强度，是典型的脆性材料。平板玻璃具有较高的化学稳定性，通常情况下对酸、碱、盐等化学试剂及相关气体有较强的抵抗能力。但若长期遭受侵蚀介质的作用也能导致破坏和质变，如玻璃的风化和发霉都会导致外观的破坏和透光能力的降低。平板玻璃热稳性较差，急冷急热时易发生爆裂。

1. 平板玻璃的用途

平板玻璃广泛应用于建筑物的门窗、墙面、室内装饰等，不同厚度有着不同的用途，具体内容如下。

（1）3～4 mm厚玻璃：主要用于画框表面。

（2）5～6 mm厚玻璃：主要用于外墙窗户、门扇等小面积的透光造型。

（3）7～8 mm厚玻璃：主要用于室内屏风等面积较大又有框架保护的造型。

（4）9～10 mm厚玻璃：可用于室内大面积隔断、栏杆等装修项目。

（5）11～14 mm厚玻璃：可用于地弹簧玻璃门和一些活动人流较大的隔断。

（6）15 mm厚以上：一般市面上销售较少，往往需要订货，主要用于较大面积的地弹簧玻璃门和外墙整块玻璃。

2. 平板玻璃的分类

按照生产工艺的不同，平板玻璃可以分为普通平板玻璃和浮法玻璃两种。

普通平板玻璃是用石英砂、岩粉、纯碱、芒硝等原料，按一定比例配制，经熔窑高温熔融制成的。

浮法玻璃的生产过程是在充入保护气体的锡槽中完成的，熔融玻璃液从池窑中连续流入并漂浮在密度相对比较大的锡液表面，在重力和表面张力的作用下，玻璃液在锡液表面上铺开、摊平，形成上下平整、硬化的表面。浮法玻璃比普通平板玻璃具有更好的性能，表面更平滑，透视性更好，厚度更均匀。浮法玻璃是普通平板玻璃的升级产品。

二、装饰玻璃

1. 玻璃砖

玻璃砖又被称为特厚玻璃，分为实心玻璃砖和空心玻璃砖。实心玻璃砖是将熔融玻璃采用压制机压制制得的一种矩形块状制品。

空心玻璃砖是由两个半块的玻璃砖胚组合而成的，其中间是空腔，周边是密封的，空腔内有干燥空气并存在负压，砖内外可以铸出多种样式的条纹。按照内部结构分类，空心玻璃砖分为单空腔和双空腔，双空腔玻璃砖在空腔中间有一道玻璃肋，具有较强的隔热、隔声能力，还可控制光通量、防结露和减少灰尘的透过。

空心玻璃砖按尺寸分类可分为常规砖（常见尺寸为190 mm×190 mm×80 mm）、小砖（常见尺寸为145 mm×145 mm×80 mm）、厚砖（常见尺寸为190 mm×190 mm×95 mm、145 mm×145 mm×95 mm）和特殊规格砖（常见尺寸为240 mm×240 mm×80 mm、190 mm×90 mm×80 mm）。

  知识链接

玻璃砖的特点

1. 隔热

在夏季和日照强烈的地方，使用玻璃砖能获得采光、隔热的双重功效。

2. 防火

玻璃砖具有一定的防火性能。

3. 节能环保

玻璃砖是绿色环保产品，既不含醇、苯、醚等有害物质，也不含陶瓷、石材中存在的放射性物质，无毒无害、无污染、无异味、无刺激性。另外，玻璃砖不会产生光污染，而且能减弱其他物质带来的光污染，能调整室内光线的布局。

4. 使用灵活

玻璃砖的使用比较灵活，用途广泛，不同规格的玻璃砖组合能呈现出不同的空间美感（图7-15）。

图7-15 玻璃砖的应用

5. 隔声

单层玻璃砖结构可以达到空气声隔声性能分级 5 级的要求，间距小于 50 mm 的双层玻璃砖墙可满足空气声隔声性能分级 6 级的要求。

6. 价格便宜

玻璃砖因价格便宜，性能也不错，在装修市场上占有相当大的使用比例。

7. 抗压强度高、抗冲击能力强、安全性能高

玻璃砖的抗冲击能力比钢化玻璃要好，具有不错的防盗安全性。

2. 彩色玻璃

彩色玻璃也是一种常见的装饰玻璃品种，根据透明度可以分为透明彩色玻璃、半透明彩色玻璃和不透明彩色玻璃（图 7-16）。

（1）透明彩色玻璃

透明彩色玻璃是在玻璃原料中加入着色氧化剂使玻璃具有各种各样的颜色，常用的着色氧化剂有：过氧化锰，黑色；钴，深蓝色；镉，绿色；锡，红色；氧化锡、磷酸钠，乳白色；二氧化锰，玫瑰色；硫化镉，黄色。

透明彩色玻璃的色彩较为丰富，具有耐腐蚀、抗冲刷、不褪色、易清洗等特点。透明彩色玻璃有着很好的装饰性，尤其是在光线的照射下会形成五彩缤纷的投影，造成一种神秘、梦幻的效果，常用于一些对光线有特殊要求的隔断墙、门窗等部位。

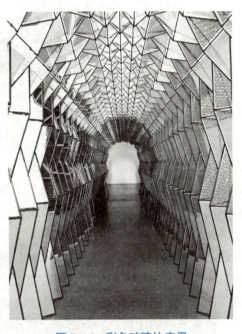

图 7-16　彩色玻璃的应用

（2）半透明彩色玻璃

半透明彩色玻璃又称为乳浊玻璃，是在玻璃原料中加入乳浊剂，具有透光不透视的特性，在它的基础上还可以加工出钢化玻璃、夹层玻璃、夹丝玻璃、压花玻璃等多种品种，它们同样有着非常不错的装饰性。

（3）不透明彩色玻璃

不透明彩色玻璃是在平板玻璃的基础上经过喷涂彩色釉或者高分子有色涂料制成的，有时也被称为喷漆玻璃、釉面玻璃（图 7-17）。采用平板玻璃作为原片，经过清洗，表面施釉，再在焙烧炉中加热到彩釉的熔融温度，使釉层与玻璃牢固结合，再经退火或钢化等不同的热处理工艺就制成了色泽美丽的不透明彩色玻璃。

不透明彩色玻璃颜色丰富，同时又具有玻璃独有的细腻感和晶莹感，在此基础上制成的不透明彩色钢化玻璃更是兼具安全性和装饰性。不透明彩色玻璃目前在居室的装饰墙面和商店的形象墙上都有广泛应用。

图 7-17　釉面玻璃的应用

3. 镜面玻璃

镜面玻璃即镜子，也叫作涂层玻璃或镀膜玻璃，是指玻璃表面通过化学（银镜反应）或物理（真空铝）等方法形成反射率极强的镜面反射的玻璃制品。银镜反应是以金、银、铜、铁、锡、钛、锰等有机或无机化合物为原料，采用喷射、溅射、真空沉积等方法，在平板玻璃的表面形成氧化物涂层，使玻璃正面形成全反射。

镜面玻璃在起到反射光线、扩展人的视野的同时，还在室内装饰中起到了增加空间感和距离感或改变光照的作用；还可反映建筑物周围景色的变化，是扩大或改变室内空间感的常用手法。为提高装饰效果，在镀膜之前可对原片玻璃进行彩绘、磨刻、喷砂、化学蚀刻等加工，形成具有各种花纹图案或精美字画的镜面玻璃。

镜面玻璃的涂层色彩有多种，常用的有金色、银色、灰色、古铜色等。若选用彩色平板玻璃进行镀膜，也可以制成各种具有色彩的镜面，并可进一步制作成各种色彩丰富的镜片装饰品（图 7-18）。

4. 镭射玻璃

镭射玻璃又称为光栅玻璃、全息玻璃或镭射全息玻璃，是一种应用全息技术开发的创新装饰玻璃产品。它是以平板玻璃或钢化玻璃为原材，在其上涂覆一层感光层，利用激光在玻璃表面构成各种图案的全息光栅或几何光栅，在同一块玻璃上甚至可形成上百种图案（图 7-19）。

（1）分类

镭射玻璃主要有两类：一类是以普通平板玻璃为基材制成的，主要用于墙面和顶棚等部位的装饰；另一类是以钢化玻璃为基材制成的，主要用于地面装饰。此外，还有专门用于柱面装饰的曲面镭射玻璃、专门用于大面积幕墙的夹层镭射玻璃以及镭射玻璃砖等产品。镭射玻璃的耐老化寿命是塑料的 10 倍以上，在正常使用情况下其寿命大于 50 年。

目前，国内生产的镭射玻璃的最大尺寸为 1 000 mm×3 000 mm，在此范围内有多种规格可供选择。

图 7-18　镜面玻璃的应用

图 7-19　镭射玻璃的应用

（2）用途

镭射玻璃目前多用于酒吧、酒店、商场、电影院等商业性和娱乐性场所，在家庭装修中也可以把它用于吧台、视听室等空间。如果追求很现代的效果，也可以将其用于客厅、卧室等空间的墙面、柱面。

> **知识链接**
>
> ### 镭射玻璃的特点
>
> 镭射玻璃的特点在于，当它处于任何光源照射下时，都会因衍射作用产生色彩的变化。而且，对于同一受光面而言，随着入射光角度及人视角的不同，所产生的光的色彩及图案也将不同。其效果扑朔迷离，似动非动，不时出现冷色、暖色交相辉映，五光十色的变幻给人以神奇和华贵的感受，其装饰效果是其他材料无法比拟的。

5. 压花玻璃

压花玻璃又名滚花玻璃，是熔融的平板玻璃在冷却硬化前，用刻有花纹的辊轴进行对辊压延，在玻璃单面或双面压出深浅不同的花纹图案制成的。它的透光率一般为 60%～70%，厚度为 3～5 mm，最大规格为 900 mm×1 600 mm。压花玻璃花纹样式丰富、造型优美；同时，由于压花玻璃表面凹凸不平，射到其表面的光线会产生不规则的漫反射、折射现象，具有透光不透视的特点，起到视线干扰的作用（图 7-20）。

压花玻璃一般分为真空镀膜压花玻璃和彩色膜压花玻璃几类。压花玻璃的颜色多种多样，它可以给建筑物增加光彩，所以用途很广。办公室、教室、手术室、餐厅、俱乐部以及临街的底层住房的门窗等都适合安装压花玻璃。浴室和卫生间的门窗装上压花玻璃，可使室内光线充足，而室外的人却看不见室内。作为浴室、卫生间门窗玻璃时应注意将其压花面朝外。

6. 玻璃马赛克

玻璃马赛克又叫作玻璃锦砖或者纸皮砖，是一种小规格的彩色饰面玻璃，是用不同色彩的小块玻璃镶嵌而成的。它以玻璃为基本材料，含有未溶解的小晶体乳浊或者半乳浊成份，有的产品还含有气泡或石英砂颗粒。玻璃马赛克正面光滑、细腻，背面有粗糙的槽纹，颜色多样，有透明、半透明、不透明三种形式，常作为办公楼、礼堂、医院和住宅等的室内外装饰材料。

玻璃马赛克色彩绚丽、典雅美观，不同色彩图案的马赛克可以组合拼装成各色壁画，装饰效果良好；化学性质稳定，质地坚硬，耐热、耐寒、耐酸碱。玻璃马赛克的断面比陶瓷要好，粘接性能较好，不易脱落、不变色、

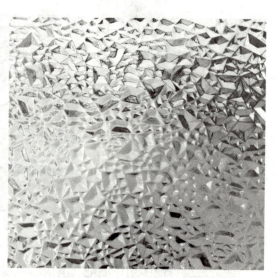

图 7-20 压花玻璃

不积尘，容易施工，价格也较低。玻璃马赛克的常见单块尺寸有 20 mm×20 mm×4 mm、25 mm×25 mm×4 mm 和 30 mm×30 mm×4 mm，常见单联尺寸有 305 mm×305 mm、314 mm×314 mm、324 mm×324 mm 和 327 mm×327 mm（图 7-21）。

7. 磨砂玻璃

磨砂玻璃又被称为毛玻璃，它是将平板玻璃的一面或者两面用金刚砂、石英砂等磨料经机械或人工研磨或者用氢氟酸溶蚀等方法处理成均匀毛面，厚度一般为 5 mm 和 6 mm。磨砂玻璃具有透光不透视的特性，射入的光线经过磨砂玻璃后会变得柔和、不刺眼（图 7-22）。

磨砂玻璃主要应用在要求透光而不透视、隐秘不受干扰的空间，如厕所、浴室、办公室、会议室等空间的门窗；同时可以作为各种空间的隔断材料，可以起到隔断视线、柔和光环境的作用，还可以用于要求分隔区域而又要求通透的地方，如玄关、屏风等。

市场上还有一种外观上类似磨砂玻璃的喷砂玻璃品种，它是利用压缩空气将细砂喷至平板玻璃表面进行研磨制成的。喷砂玻璃在外观和性能上与磨砂玻璃极其相似，不同的是改磨砂为喷砂。喷砂玻璃包括喷花玻璃和砂雕玻璃，有的用自动喷砂机在玻璃上加工图案（喷花玻璃）；有的用雕刻机配合自动喷砂机在玻璃上制作艺术作品（砂雕玻璃）；还有的玻璃表面经过腐蚀形成半透明的雾面效果。

项目七 陶瓷、玻璃装饰材料与施工工艺

图 7-21 玻璃马赛克

图 7-22 磨砂玻璃

> **知识链接**
>
> ### 减反射玻璃
>
> 　　减反射玻璃又称为低反射玻璃或防眩玻璃，其制备工艺是将优质玻璃原片的单面或双面经过特殊的表面处理工艺，使其具有较低的反射率但又不影响透光率。即使减反射玻璃在强光条件下也可以产生漫反射，进一步减少屏幕反光，提高了显示画面的可视度和亮度；使图像更清晰、颜色更饱和，从而产生良好的视觉效果；创造出清晰透明的视觉空间，让观赏者体验更佳的视觉享受（图 7-23）。
>
>
>
> 图 7-23 减反射玻璃

三、安全玻璃

　　安全玻璃是普通玻璃改良后的产物，与普通玻璃相比，安全玻璃强度较高，抗冲击性能好，击碎时的碎片不会伤人，有些还具有防火防盗功能。

1. 夹层玻璃

　　夹层玻璃是在两片或多片平板玻璃之间嵌夹一层或多层有机聚合物中间膜，经加热、加压、黏合而成的平面或弯曲的复合玻璃制品。夹层玻璃的抗冲击性能比普通平板玻璃高出几倍，玻璃破碎时仅产生辐射状裂纹，而且碎片仍粘贴在膜片上不致伤人，因此夹层玻璃也属于安全玻璃（图 7-24）。

夹层玻璃具有耐久、耐热、耐寒等性质，防盗性能较好，破坏需要较长时间和较大声响，并有抗强风、抗震、防弹、隔声、防紫外线和保温等作用。生产夹层玻璃的原片可以采用普通平板玻璃、钢化玻璃、彩色玻璃、吸热玻璃等。夹层材料也有很多种，常用的有聚乙烯醇缩丁醛（PVB）、聚氨酯（PU）和聚酯（PES）。

图 7-24　夹层玻璃制品

根据夹层玻璃原片与夹层材料的不同组合，夹层玻璃可具有多种不同性质与功能，可分为防火夹层玻璃、遮阳夹层玻璃、电热夹层玻璃、防弹夹层玻璃、玻璃纤维增强夹层玻璃、报警夹层玻璃、防紫外线夹层玻璃、隔声夹层玻璃等类型。

夹层玻璃根据形状分为平板和弯曲两种。若采用多层玻璃与多层夹层制作多层夹层玻璃，玻璃原片采用强度较高的钢化玻璃，这种夹层玻璃实际上就是防弹玻璃。

夹层玻璃一般用在汽车等交通工具上，也适用于户外装饰、家居装饰等范围，银行或者高档住宅等对安全要求较高的装修工程也可采用。夹层玻璃的厚度一般为 6～10 mm，常用规格为 800 mm×100 mm 和 850 mm×1 800 mm 等。

2. 钢化玻璃

钢化玻璃又称作强化玻璃，是安全玻璃中最具有代表性的一种，是将玻璃加热到 700 ℃左右（玻璃软化点温度），然后急速冷却，使玻璃表面形成压应力而制成的。其外观质量、厚度偏差、透光率等性能指标与玻璃原片无太大差异。钢化玻璃的最小规格为 200 mm×200 mm，最大规格为 200 mm×1 200 mm，厚度一般是 2～12 mm。

钢化玻璃按形状可分为平面钢化玻璃和曲面钢化玻璃，特点如下。

（1）强度高

在相同厚度下，钢化玻璃的强度比普通平板玻璃高 3～10 倍；抗冲击性能也比普通玻璃高 5 倍以上。

（2）弹性好

一块 1 200 mm×350 mm×6 mm 的钢化玻璃受力后，弯曲挠度可达 100 mm；外力去掉后，钢化玻璃仍能恢复原状。普通玻璃在外力作用下，挠度仅有几毫米。

（3）热稳定性好

钢化玻璃受到急冷、急热温差变化时不易发生炸裂，一般可承受 150～200 ℃的温差变化，耐候性更强。

（4）内应力均匀

钢化玻璃因有均匀的内应力，所以一旦被破坏也是在破坏点出现裂纹，破碎后形成的小碎块没有尖锐的棱角，不易伤人。

钢化玻璃的缺点是不能切割、磨削，边角不能碰击，必须按照设计要求的尺寸定制。

钢化玻璃的应用很广泛，除了可以用于平板玻璃的应用范围外，还可以用于地面，运用在别墅或者复式楼房的楼梯、楼道上。在一些追求新颖的公共空间也常采用钢化玻璃，在架空的钢化玻璃下面的地面上再铺上细砂和鹅卵石。此外，钢化玻璃也经常被用作隔断，尤其在家居空间的浴室中经常被采用（图7-25）。

图7-25 钢化玻璃

3. 夹丝玻璃

夹丝玻璃又称为防碎玻璃，它是将经过预热处理、已经编织好的钢丝网压入已软化的玻璃中间制成的，是内部夹有金属丝网的玻璃（图7-26）。夹丝玻璃的面可以是磨光的、磨砂的或是压花的，颜色可以是彩色的或是透明的。

由于夹丝玻璃内部金属丝网的存在，这种玻璃具有较好的安全性和防火性，抗折强度高，抗冲击能力和耐温度剧变的能力比普通玻璃要好。在外力作用和温度剧烈变化导致玻璃破碎时，夹丝玻璃碎片附着在钢丝上，不致飞出伤人；同时金属丝网和玻璃碎片的存在还能起到隔绝火焰的作用，故也可用于防火玻璃。夹丝玻璃常用于防火等级较高的公共建筑、工业建筑及振动较为频繁的环境，如建筑物的天窗、顶棚、阳台、走廊、楼梯间、厨房以及易受振动的门窗。

夹丝玻璃的厚度有6 mm、7 mm和10 mm三种，按外观质量和尺寸精度的不同划分为优等品、一等品和合格品三个质量等级。

4. 防弹玻璃

防弹玻璃是一种特殊玻璃，可以达到阻挡子弹穿透以及碎片飞溅伤人的目的（图7-27）。防弹玻璃实际上是夹层玻璃的发展，由多层玻璃和胶片叠合制成，总厚度一般在20 mm以上，要求较高的防弹玻璃总厚度可以达到50 mm以上的厚度。防弹玻璃结构中的胶片厚度与防弹效果有关，如1.52 mm厚度胶片的防弹效果要优于0.76 mm厚度的胶片。

防弹效果还与玻璃强度有关，采用钢化玻璃制作的防弹玻璃，其防弹效果要优于用普通玻璃制作的防弹玻璃。防弹玻璃的使用安全效果主要有两个判断标准，第一是子弹不得贯穿，若贯穿即丧失了对子弹的阻挡作用；第二是背面玻璃不能崩落，因为崩落的碎片也可能伤及人身。防弹玻璃广泛适用于银行、珠宝金行的柜台，以及运钞车和其他有特殊安全防范要求的区域。

图7-26 夹丝玻璃

图7-27 防弹玻璃制品

5. 热弯玻璃、弯钢化玻璃

普通热弯玻璃是将浮法玻璃原片加热至软化温度后，靠玻璃自重或外界作用力将玻璃弯曲成型并经自然冷却制成的（图7-28）。弯钢化玻璃是将普通玻璃根据一定的曲率半径通过加热、急冷处理后制成的，由于表面强度成倍增加，使玻璃原有平面形成曲面。

热弯玻璃曲面形状中间无连接驳口，线条优美，可达到整体和谐的意境，可根据要求做成各种不规则的弯曲面。

弯钢化玻璃破碎后形成类似蜂窝状的小钝角

图7-28 热弯玻璃

颗粒，对人体不会造成重大伤害，具有安全性。其强度一般是普通玻璃的4～5倍，具有高强度。弯钢化玻璃具有良好的热稳定性，能承受的温度是普通玻璃的3倍，可承受300℃的温差变化。弯钢化玻璃曲面形状的中间无连接驳口，能满足建筑业对玻璃外形艺术美的追求。

热弯玻璃多用于家具、橱柜、双曲面及锥形建筑。弯钢化玻璃多应用于弧面造型玻璃幕墙、采光顶棚、观光电梯、室内弧形玻璃隔断、玻璃护栏、室内装饰、家具等。

四、节能玻璃

建筑节能要求在建筑材料生产、房屋建筑和构筑物施工及使用过程中，满足同等需要或达到相同目的的条件下，尽可能降低能耗，节能玻璃的开发和利用，对建筑节能有着积极的意义。

1. 中空玻璃

中空玻璃是由两层或两层以上的平板玻璃、夹丝玻璃、钢化玻璃、吸热玻璃或热反射玻璃组成的，玻璃的四周用高气密性和高强度的复合胶黏剂将玻璃及铝合金框、橡胶条粘结、密封，中间充入干燥气体或惰性气体，框内填入干燥剂，以保证中空玻璃内空气的干燥度。中空玻璃的颜色有无色、蓝色、茶色、紫色、绿色、灰色、银色和金色等。中空玻璃的主要技术性能指标如下。

（1）光学性能

根据所选用的玻璃原片，中空玻璃具有各种不同的光学性能，可见光透射率范围为10% ~ 80%；光的总透过率为25% ~ 50%。

（2）热工性能

中空玻璃具有优良的绝热性能，在某些条件下，其绝热性能可优于混凝土墙。

（3）隔声性能

中空玻璃具有很好的隔声性能，其隔声效果通常与噪声的种类、声强等有关，一般可使常规噪声下降30 ~ 40 dB，对交通噪声可降低31 ~ 38 dB。

（4）露点

通常情况下，中空玻璃接触室内高湿度空气的时候玻璃表面温度较高，外层玻璃虽然温度低，但接触的空气湿度也低，所以不会结露。一般的中空玻璃产品能保证中空玻璃的露点在4 ℃以下。

2. 变色玻璃

变色玻璃又可称为光敏玻璃、光致变色玻璃。该玻璃在制造过程中加入卤化银，或在玻璃的夹层中加入铝和钨的感光化合物，同时加入可提高感光灵敏度的增感剂，由此获得了光致变色功能（图7-29）。在受太阳光或其他光线照射时，变色玻璃的颜色随着光线的增强而逐渐变暗，当光照停止时又恢复原来色彩。

目前，变色玻璃的应用已从眼镜片向交通、医学、通信、建筑等需要调节光的强度、避免眩光的领域发展。由于变色玻璃可以自动调节进入室内的太阳辐射能量，改善室内的采光条件，故在节能建筑中的应用越来越广泛。

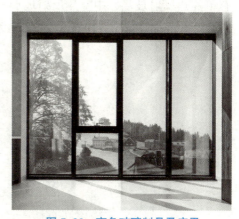

图7-29 变色玻璃制品及应用

3. 吸热玻璃

吸热玻璃的生产是在普通硅酸盐玻璃中加入铁、镍、钴、硒等氧化物，或在玻璃表面喷涂有色氧化物薄膜制成的一种具有较高吸热性能的玻璃。吸热玻璃在吸收大量红外辐射、紫外辐射的同时，还能保持较高的可见光透过率，让人能够清晰地观察窗外事物。吸热玻璃按颜色可分为灰色、茶色、绿色、古铜色、金色、棕色和蓝色等。吸热玻璃已经广泛应用于建筑和交通工具中，起到充分调节内部空间温度、防止紫外线危害、减弱强光入射、防止产生眩光的作用。同时，吸热玻璃采用金属氧化物掺杂或喷涂的制造工艺，经久耐用、不易褪色。

> **知识链接**
>
> **吸热玻璃的性能**
>
> （1）吸收太阳辐射热的程度取决于吸热玻璃的颜色和厚度，根据这一特性，可根据不同地区的日照条件来选定不同颜色、不同厚度的吸热玻璃。
>
> （2）吸收太阳可见光的能力比普通玻璃要强，它能使刺目耀眼的阳光变得柔和，能减弱射入光线的强度，起到防眩光的作用。
>
> （3）能吸收太阳光谱中的紫外线，因而可减少紫外线对人体和室内物品的伤害。
>
> （4）颜色经久不褪，可长久保持建筑物的色泽美观。

4. 热反射玻璃

热反射玻璃是在平板玻璃表面涂覆金属或金属氧化物薄膜（金、银、铜、铝、铬、镍、铁等金属及其氧化物）制成的（图7-30）。涂覆工艺有热解法、真空溅射法、化学浸渍法、气相沉积法、电浮法等，不论采用哪种涂覆工艺，都是向玻璃表面渗入金属离子来形成热反射膜，故又称为镀膜玻璃。热反射玻璃按颜色分类有茶色热反射玻璃、灰色热反射玻璃、蓝灰色热反射玻璃、金色热反射玻璃、褐色热反射玻璃和铜色热反射玻璃等；按结构分类有单片热反射玻璃、中空热反射玻璃和夹层热反射玻璃等。热反射玻璃的厚度有 3 mm、5 mm、6 mm、8 mm、10 mm、12 mm 和 15 mm 等。

图 7-30 热反射玻璃的应用

热反射玻璃具体特点如下。

（1）对太阳能辐射的反射能力强、隔热性能好

普通平板玻璃的太阳能辐射反射率为 7%～10%，而热反射玻璃的反射率为 25%～40%。因此，热反射玻璃在强光照射时能降低室内温度，并使光线变得柔和，避免眩光，改善室内环境。

（2）具有镜面效应与单向透视性

热反射玻璃在迎光面具有镜子的特性，而在背光的一面则具有普通玻璃的透明效果。白天，人们从室内透过热反射玻璃幕墙可以看到外面车水马龙的热闹街景，但室外却看不见室内的景物，可起到遮挡作用；晚上的情况正好相反，室内看不见热反射玻璃幕墙外的事物，而室外却因室内照明的因素可以看清室内的情景，此时对于私密场所应用窗帘等加以遮蔽。

（3）对可见光的透过率较小

例如，6 mm厚的热反射玻璃对可见光的透过率比相同厚度的浮法玻璃减少75%以上，比茶色吸热玻璃减少60%。

（4）装饰效果美观

热反射玻璃的镜面效应使得其可以映射周围景物，加之热反射玻璃金色、银色、灰色、茶色等深浅不同底色的映衬，配以其他装饰元素，具有很好的装饰效果。热反射玻璃常用于高级建筑的幕墙、展示橱窗等。

5. 低辐射镀膜玻璃

低辐射镀膜玻璃又称为Low-E玻璃，是在玻璃表面镀上多层由金属或其他化合物组成的膜。对可见光有着较高的透过率，对中远红外线（热能）有着较高的反射率，其隔热效果优异同时透光性能良好；可显著节约室内的能源消耗，性质与功能同热反射玻璃较为相似。

低辐射镀膜玻璃的节能体现在对阳光热辐射的遮蔽性（隔热性）、对热空气外泄的阻挡性（保温性）方面。此外，低辐射镀膜玻璃还具有较强的阻止紫外线透射的功能，可以有效地防止室内陈设物品、家具等受紫外线照射产生老化、褪色等。

低辐射镀膜玻璃的主要规格有1 500 mm×900 mm、1 500 mm×1 200 mm、1 800 mm×750 mm、1 800 mm×1 200 mm、1 800 mm×1 600 mm和2 200 mm×1 250 mm。低辐射镀膜玻璃一般不单独使用，常与普通平板玻璃、浮法玻璃、钢化玻璃等配合使用，制成高性能的中空玻璃。

任务四　玻璃装饰材料施工工艺

一、玻璃砖墙施工工艺

1. 玻璃砖墙施工流程

（1）弹隔墙定位线

根据楼层设计标高弹出隔墙定位线。按弹好的隔墙定位线核对玻璃砖墙的长度尺寸是否符合排砖模数。如不符合，应适当调整砖墙两侧的槽钢或木框的厚度以及砖缝的厚度。

砖墙两侧调整的宽度要一致，同时与砖墙上部槽钢调整后的宽度也要尽量保持一致。

（2）双面挂线

砌筑应双面挂线。如玻璃砖墙较长，则应在中间设几个支点，找好定位线的标高，使全长高度一致。每层玻璃砖在砌筑时均需挂平线，并要穿线看平，使水平灰缝平直通顺、均匀一致。

（3）通长分层砌筑

砌筑时一般采取通长分层砌筑，首层摆底砖要按下面弹好的定位线砌筑。在砌筑砖墙两侧的第一块砖时，将玻璃丝毡（或聚苯乙烯）嵌入两侧的边框内。玻璃丝毡（或聚苯乙烯）随着玻璃砖墙的增高而嵌到顶部。

（4）放置双排钢筋网

玻璃砖墙的层与层之间应放置双排钢筋网，对接位置可在玻璃砖的中央。最上一层玻璃砖砌筑在墙的中部收头部位。顶部槽钢内也要嵌入玻璃丝毡（或聚苯乙烯）。

（5）划缝、勾缝

砌筑时水平灰缝尺寸和竖向宽度尺寸一般控制在 8～10 mm。在浇筑立缝砂浆的同时划缝，划缝深度为 8～10 mm，要求深浅一致、清扫干净。划缝完成后 2～3 小时，即可勾缝。勾缝砂浆内可掺入占水泥质量 2% 的石膏粉，以加速凝结（图 7-31）。

图 7-31　玻璃砖墙施工

> **知识链接**
>
> **玻璃砖墙施施工准备**
>
> 1. 玻璃砖
>
> 玻璃砖一般为内壁呈凹凸状的空心砖或实心砖，四周有 5 mm 的凹槽，常用规格为 300 mm×300 mm×100 mm 和 100 mm×100 mm×100 mm，要求棱角整齐。

2. 水泥

水泥采用强度等级为 32.5 级或 42.5 级的普通硅酸盐白水泥。

3. 砂

砂一般用白色砂砾,粒径为 0.1～1.0 mm,不得含泥土及其他杂质。

4. 掺合料

掺合料一般用白灰膏、石膏粉、胶黏剂等。

5. 其他材料

其他材料 $\varphi 6$ 钢筋、玻璃丝毡或聚苯乙烯、槽钢等。

6. 施工机具

施工机具:大铲、托线板、线坠、白线、2 m 钢卷尺、铁水平尺、皮数杆、小水桶、灰槽、扫帚、透明塑料胶带、橡胶锤、手推车等。

2. 质量标准

(1)玻璃砖墙工程所用材料的品种、规格、图案、颜色和性能应符合设计要求。

(2)玻璃砖砌筑的方法应符合设计要求。

(3)玻璃砖墙砌筑中埋设的拉结筋应与基体结构连接牢固,数量、位置应正确。

(4)玻璃砖墙表面应色泽一致、平整洁净、清晰美观。

(5)玻璃砖墙接缝应横平竖直,玻璃应无裂痕、缺损和划痕。

(6)玻璃砖墙勾缝应密实平整、均匀顺直、深浅一致。

二、玻璃隔断墙施工工艺

1. 玻璃隔断墙施工流程

(1)弹线

根据楼层设计标高水平线,顺墙高量至顶棚设计标高,沿墙弹出隔断垂直标高线及天地龙骨(沿顶龙骨、沿地龙骨)的水平线,并在天地龙骨的水平线上画好龙骨的分档位置线。

(2)大龙骨安装

① 天地龙骨安装

根据设计要求固定天地龙骨;如无设计要求,可以用膨胀螺栓或钉子固定,膨胀螺栓固定点的间距为 600～800 mm。安装前要做好防腐处理。

② 沿墙边龙骨安装

根据设计要求固定边龙骨;如无设计要求,可以用膨胀螺栓或钉子与预埋木砖固定,固定点间距为 800～1 000 mm。安装前要做好防腐处理。

(3)主龙骨安装

根据设计要求按分档线位置固定主龙骨,用铁钉固定,龙骨每端冦定不少于三颗钉子,必须安装牢固。

（4）小龙骨安装

根据设计要求按分档线位置固定小龙骨，用扣榫或钉子固定，必须安装牢固。安装小龙骨前，也可以根据安装玻璃的规格在小龙骨上安装玻璃槽。

（5）玻璃安装

根据设计要求按玻璃的规格将玻璃安装在小龙骨上。如用压条安装时，先固定玻璃侧的压条，并用橡胶垫垫在玻璃下方，再用压条将玻璃固定；如用玻璃胶直接固定玻璃，应将玻璃先安装在小龙骨的预留槽内，然后用玻璃胶封闭固定。

（6）打玻璃胶

首先在玻璃上沿四周粘上纸胶带，根据设计要求将玻璃胶均匀地打在玻璃与小龙骨之间，待玻璃胶完全干燥后撕掉纸胶带。

（7）安装压条

根据设计要求将压条用直钉或玻璃胶固定在小龙骨上。如设计无要求，可以根据需要选用 10 mm × 12 mm 木压条、10 mm × 10 mm 铝压条或 10 mm × 20 mm 不锈钢压条。

2. 质量要求

（1）玻璃隔断墙工程所用材料的品种、规格、图案、颜色和性能应符合设计要求。玻璃板隔断墙应使用安全玻璃。

（2）玻璃板安装方法应符合设计要求。

（3）有框玻璃板隔断墙的受力杆件应与基体结构连接牢固，玻璃板安装时橡胶垫的位置应正确。玻璃板安装应牢固，受力应均匀。

（4）玻璃门与玻璃墙面析的连接、地弹簧的安装位置应符合设计要求。

（5）玻璃砖隔断墙砌筑中埋设的拉结筋应与基体结构连接牢固，数量、位置应正确。

（6）玻璃隔断墙表面应色泽一致、平整洁净、清晰美观。

（7）玻璃隔断墙接缝应横平竖直，玻璃应无裂痕、缺损和划痕。

（8）玻璃板隔断墙嵌缝及玻璃砖隔断墙勾缝应密实平整、均匀顺直、深浅一致。

> **知识链接**
>
> **玻璃隔断墙成品保护**
>
> （1）安装木龙骨及玻璃时，应注意保护顶棚及墙内装好的各种管线；木龙骨的龙骨不准固定在通风管道及其他设备上。
>
> （2）施工部位已安装的门窗以及已施工完的地面、墙面、窗台等应注意保护，防止损坏。
>
> （3）木骨架材料、玻璃材料，在进场、存放过程中应妥善管理，使其不变形、不受潮、不损坏、不污染。
>
> （4）其他专业的材料不得置于已安装好的木龙骨骨架和玻璃上。

三、常见玻璃墙面施工工艺

1. 常见玻璃墙面施工流程

（1）基层处理

在砌筑墙体或柱子时，要在墙体中埋入木砖，其横向尺寸与玻璃长度相等，竖向尺寸与玻璃高度相等，大面积玻璃安装还应在横向和竖向每隔 500 mm 埋入木砖。墙面要进行抹灰，按照使用部位的不同，要在抹灰面上烫热沥青或贴油毡，也可将油毡夹于木衬板和玻璃之间。这些做法的主要目的是防止潮气使木材板变形、使玻璃镀层脱落，导致玻璃失去光泽。

（2）立墙筋

墙筋为 40 mm×40 mm 或 50 mm×50 mm 的木龙骨，以铁钉钉于木砖上。安装小片玻璃多为双向立筋；安装大片玻璃可以单向立筋，横、竖墙筋的位置应与木砖一致。要求墙筋横平竖直，以便于衬板和玻璃的固定，因此立筋时也要挂水平垂直线。安装前要检查防潮层是否做好，立筋打好后要用长靠尺检查平整度。

（3）铺钉衬板

衬板为 15 mm 厚木板或 5 mm 厚胶合板，用铁钉与墙筋钉接，钉头应埋入板内。衬板的尺寸可以大于立筋间距，这样可以减少剪裁工序，提高施工速度。要求衬板表面无翘曲、起皮现象，且表面平整、清洁，板与板之间的缝隙应在立筋处。

（4）玻璃安装

玻璃安装的施工顺序为：玻璃切割→玻璃钻孔→玻璃固定。

① 玻璃切割。安装特定尺寸的玻璃时，要在大片玻璃上切下一部分；切割时要在台案上或平整地面上进行，上面铺胶合板或地毯。

② 玻璃钻孔。如选择以螺钉固定玻璃，则要在玻璃上钻孔，孔一般位于玻璃的边角处。

③ 玻璃固定。用镀铬螺钉、铜螺钉把玻璃固定在木骨架和衬板上。

> **知识链接**
>
> **玻璃固定的方式**
>
> 1. 螺钉固定
>
> 螺钉固定一般适用于 1 m² 以下的小尺寸玻璃。墙面为混凝土基底时，预先插入木砖、埋入锚塞；或在木砖、锚塞上再设置木墙筋，再用直径 3～5 mm 的平头或圆头螺钉透过玻璃上的钻孔钉在墙筋上，对玻璃起固定作用。
>
> 安装一般从下向上、由左至右进行。有衬板时，可在衬板上按每块玻璃的位置弹线，按弹线安装。将钻好孔的玻璃放到安装部位，在孔中穿入螺钉，套上橡胶垫圈，用螺钉旋具将螺钉逐个拧入木墙筋（注意不要拧得太紧）。全部玻璃固定后，用长靠尺找平，再将稍高出其他玻璃的部位再拧紧，以全部调平为准。螺钉如紧固不均匀，容易发生映像失真，最好与双面胶并用。要将玻璃之间的缝隙用玻璃胶嵌满，用打胶筒将玻璃胶压入缝中，要求密实、饱满、均匀，且不得污染玻璃。最后用软布擦净玻璃。

2. 嵌钉固定

嵌钉固定是把嵌钉钉在墙筋上将玻璃的四个角压紧的固定方法。施工时，在平整的木衬板上先铺一层油毡，油毡两端用木压条临时固定，以保证油毡平整、紧贴于木衬板上，然后在油毡表面按玻璃分块弹线。安装时从下往上进行，安装第一排玻璃时，嵌钉应临时固定，装好第二排后再拧紧。

3. 粘结固定

粘结固定是将玻璃用环氧树脂、玻璃胶粘结于木衬板上（或玻璃垫块上）的固定方法，适用于 1 m^2 以下的玻璃。在柱子上进行玻璃装饰施工时多用此法，比较简便。

施工时，首先检查木衬板的平整度和固定牢靠程度（因为粘结固定时，玻璃本身的荷载是通过木衬板传递的，如木衬板不牢靠将导致整个玻璃固定不牢）。然后清除木衬板表面的污物和浮灰，以增强粘结牢固程度。再在木衬板上按玻璃尺寸分块弹线、刷环氧树脂粘结玻璃。

环氧树脂应涂刷均匀，不宜过厚，每次刷环氧树脂的面积不宜过大，随刷随粘贴，并及时把从玻璃缝中挤出的胶浆擦净。玻璃胶用打胶筒打胶，胶点要均匀。粘结应按弹线分格从下而上进行，应待底下的玻璃粘结达一定强度后，再进行上一层玻璃的粘结。

采用以上三种方法固定的玻璃还可在周边加框，起封闭端头（封口）和装饰作用。

4. 托压固定

托压固定主要靠压条和边框将玻璃托压在墙上。压条和边框的材料有木材、塑料和金属型材（有专门用于玻璃安装的铝合金型材）；也可用支托五金件，可以适用于 2 m^2 玻璃的安装。采用支托五金件时，玻璃上不开孔，因为是由五金件支撑的质量，对玻璃损伤较小。

托压固定施工时，在平整的木衬板上先铺一层油毡，油毡两端用木压条临时固定，以保证油毡平整并紧贴于木衬板上；然后在油毡表面按玻璃分块弹线。

压条固定从下向上进行，用压条压住两玻璃之间的接缝处，先用竖向压条固定最下层玻璃，安放一层玻璃后再固定横向压条。压条为木材时，宽度一般为 30 mm，长度同玻璃，表面可做装饰线。

在压条上每 200 mm 钉一颗钉子，钉头应压入压条中 0.5~1.0 mm，用腻子找平后涂装。因钉子要从玻璃中钉入，因此两玻璃之间要考虑设 10 mm 左右的缝宽，弹线分格时就应注意这个问题。安装完毕后，用软布擦净玻璃。

2. 质量要求

（1）一定要按设计图纸施工，选用材料的规格、品种、颜色应符合设计要求。

（2）在同一墙面上安装同色玻璃时，最好选用同一批产品，以防玻璃颜色深浅不一，影响装饰效果。

（3）安装后的玻璃应平整、洁净，接缝应顺直、严密，不得有翘起、松动、裂隙、掉角。如玻璃不平整，会造成映像失真。

知识链接

常见玻璃墙面施工准备

1. 材料准备

（1）基础材料：玻璃。

（2）衬底材料：墙筋、胶合板、沥青、油毡等，也可选用一些特制的橡胶、塑料、纤维之类的衬底垫块。

（3）固定用材料：螺钉、铁钉、玻璃胶、环氧树脂胶、盖条（木材、铜条、铝合金型材等）、橡胶垫圈等。

2. 所需工具

玻璃刀、玻璃钻、玻璃吸盘、水平尺、托尺板、玻璃胶筒及固钉工具（如锤子、螺钉旋具）等。

思政链接

建筑设计类专业的学生要注重工匠精神的培养。培养工匠精神，实际上就是在培养劳动价值观，工匠精神是正确的劳动价值观，要对自己所从事的工作具有敬畏之意，并且在工作时有一种神圣感。要克服急功近利、浮躁虚夸的心理，锤炼自己心无旁骛、锲而不舍，脚踏实地的劳动思想。

对于高校的学生来讲，更重要的是学习与传承。在拜师求艺中孜孜不倦，虚怀若谷；在动手操作中，严格要求，专心致志；在服务人民的过程中注重品质，全心全意。只有做到这些，才能最终成为一个对国家有用，为社会所认可的"能工巧匠"。

课后习题

一、填空题

1. 现在市场上装饰用的陶瓷，按使用功能可分为_____、_____、腰线砖等。

2. 现在市场上装饰用的陶瓷，按材质大致可分为釉面砖、通体砖（防滑砖）、_____、_____、抛釉砖、微晶石、抛金砖、背景砖和马赛克等几大类。

3. 玻璃具有良好的物理、化学性能和技术特性，有较高的结构强度和硬度，化学稳定性、_____、_____均较好。

4. 平板玻璃是指没有经过特殊加工的平板状玻璃，也称为_____或_____。

二、判断题

（　　）1．玻璃砖墙施工时，砌筑时水平灰缝尺寸和竖向宽度尺寸一般控制在 20 ~ 30 mm。

（　　）2．玻璃隔断墙施工时，根据设计要求固定天地龙骨，如无设计要求，可以用膨胀螺栓或钉子固定，膨胀螺栓固定点的间距为 600 ~ 800 mm。

（　　）3．通常情况下，中空玻璃接触室内高湿度空气的时候玻璃表面温度较高，外层玻璃虽然温度低，但接触的空气湿度也低，所以不会结露。

（　　）4．室内陶瓷墙面砖施工时，浸泡砖时，将面砖清扫干净，放入净水中浸泡 2 小时以上，取出待表面晾干或擦净余水后方可使用。

项目八
织物装饰材料与施工工艺

 项目概述

织物装饰材料在建筑装饰装修过程中发挥着很重要的作用,可以突出设计风格、改善空间形态、体现设计精髓,合理运用织物装饰材料会让家居空间及室内公共空间更具装饰设计感。

 学习目标

知识目标
(1)了解织物装饰材料的分类及特性。
(2)了解织物装饰材料的施工工艺。

能力目标
(1)能够根据装饰风格选择和搭配织物装饰材料。
(2)能根据实际情况合理运用织物装饰材料。

素质目标
(1)调研织物装饰材料的市场情况。
(2)了解织物装饰材料的行业发展情况。

思政目标
(1)培养学生科学的思维能力和坚韧的意志力。
(2)培养学生的工程素养和创新意识。

 任务工单

一、任务名称
为教室裱糊壁纸。

二、任务描述
全班同学以分组的形式,为教室的墙壁裱糊壁纸,在任务准备的过程中完成表8-1的填写。

表 8-1 实训表(一)

姓名		班级		学号	
学时		日期		实践地点	
实训工具	壁纸、胶黏剂、刮板、美工刀、胶轮、平面压轮等				

三、任务目的

熟悉裱糊施工工艺流程,为日后工作中的施工操作积累经验。

四、分组讨论

全班学生以 3~6 人为一组,选出各组的组长,组长对组员进行任务分工并将分工情况记入表 8-2 中。

表 8-2 实训表(二)

成员	任务
组长	
组员	
组员	
组员	
组员	
组员	

五、任务思考

(1)裱糊施工工艺的质量要求有哪些?

(2)弹线的具体操作方法是什么?

六、任务实施

在任务实施过程中,将遇到的问题和解决办法记录在表 8-3 中。

表 8-3 实训表(三)

序号	遇到的问题	解决办法
1		
2		
3		

七、任务评价

请各小组选出一名代表展示任务实施的成果,并配合指导教师完成表 8-4 的任务评价。

项目八 织物装饰材料与施工工艺

表8-4 实训表（四）

评价项目	评价内容	分值	评价分值		
			自评	互评	师评
职业素养考核项目	考勤、纪律意识	10分			
	团队交流与合作意识	10分			
	参与主动性	10分			
专业能力考核项目	积极参与教学活动并正确理解任务要求	10分			
	认真查找与任务相关的资料	10分			
	任务实施过程记录表的完成度	10分			
	对裱糊施工工艺的掌握程度	20分			
	独立完成相应任务的程度	20分			
合计：综合分数____自评（20%）+互评（20%）+师评（60%）		100分			
综合评价			教师签名		

任务一　认识织物装饰材料

认识织物装饰材料

　　纤维织物制品是重要的装饰材料之一，此类制品在建筑装饰领域具有悠久的历史，如地毯的使用就有数个世纪之久。特别在出现了优质的合成纤维和改进的人造纤维后，室内的墙板、天花板、地板等处都广泛采用了优质纤维织品作为装饰材料、隔热材料和吸声材料。

　　由于材料的种类与材质不同，纤维的内部构造及化学、物理性能也不相同。加之使用形态与纺织方法的差异，纤维织品的外观及其他性质也不相同。因此，了解织物装饰材料的组成性能特点及加工方法后，才能正确选择纤维织品作为室内景观、光线、质感与色彩的烘托材料。

　　常见的装饰纤维制品有天然纤维、化学纤维和无机玻璃纤维等。这些纤维材料各具特点，均会直接影响织物的质地、性能等。装饰纤维制品主要包括地毯、挂毯、墙布、窗帘等纤维织物以及岩棉、矿渣棉、玻璃棉制品等。

　　编织类纤维织物制品具有色彩丰富、质地柔软，富有弹性等特点，均会对室内的景观、光线、质感及色彩产生直接的影响。合理选用装饰用织物，既能使室内呈现豪华气氛，又给人以柔软舒适的感觉。此外，还具有保温、隔声、防潮、防蛀、易清洗和熨烫等特点。

　　矿物纤维制品则具有吸声、不燃、保温等特性。在我国装饰纤维织品虽然已经大量使用，但一般使用者对它的性能并未完全掌握，这一点要引起注意。随着新型建筑材料的不断更新，纤维制品以其轻质量、耐腐蚀、抗裂、抗老化、便于加工等特点愈来愈多地出现在建筑装饰工程中。

现在纤维制品运用越来越广泛,主要为聚苯纤维、高聚尼龙等,在墙面抹灰、混凝土施工中也有广泛的运用、主要都以掺和料加入,增加构件的抗裂、抗渗等性能。

知识链接

装饰纤维制品的用材

装饰纤维制品所用纤维有天然纤维、化学纤维和无机玻璃纤维等。这些纤维材料各具特点,均会直接影响织物的质地、性能等。

1. 天然纤维

天然纤维是传统的纺织原料,分羊毛、棉、丝、麻等。这类纤维有使用舒适、外观自然优美的特性,在现代纺织装饰面料中占有十分重要的地位。

2. 化学纤维

在化纤工业十分发达的今天,化学纤维制品在装饰材料中占有一席之地。化学纤维的优点是资源广泛,易于制造,具备多种性能,物美价廉。先进的化纤制造技术,使化学纤维的外观性能和理化性能都有了很大的改进,许多化纤材料不仅在光泽手感方面具有天然纤维的特点,而且在吸湿、透气、印染等方面都具有良好的性能。

纤维装饰织物中主要使用合成纤维,常用的主要有以下几种:聚酰胺纤维(锦纶)、聚酯纤维(涤纶)、聚丙烤纤维(丙纶)、聚丙烯腈纤维(腈纶)等。

3. 玻璃纤维

玻璃纤维是一种性能优异的无机非金属材料,种类繁多,优点是绝缘性好,不易燃,耐热性强,吸音性能好,抗腐蚀性好,机械强度高,吸湿性小。伸长率小。但缺点是性脆,耐磨性较差。它是以玻璃为原料经高温熔制、拉丝、络纱、织布等工艺制造成的。可纺织加工成各种布料、带料等或织成印花墙布。

一、墙面装饰织物

墙面装饰织物是指以纺织物和编织物为面料制成的墙布或壁纸,具有美化墙面、增加舒适性以及吸声、隔声等功能,是一种广泛应用的室内装饰材料(图8-1)。

1. 分类

常见墙面装饰织物的分类如下。

(1)复合纸基壁纸

① 材料特点

复合纸基壁纸由多层纸面通过施胶、层压、复合后,再经压花、涂布、印刷等工艺制成,其多色印刷及同步压花工艺,使产品具有丰富的色

图8-1 织物类壁纸

彩效果和鲜明的立体浮雕质感。

②应用特点

复合纸基壁纸造价比较低；无异味，火灾事故中发烟量不高，不产生有毒有害气体；多色深压花纸质复合壁纸可以达到一般高发泡聚氯乙烯塑料壁纸及装饰墙布的质感、层次感、色泽和凹凸花纹效果。复合纸基壁纸通常宽为 0.9 ~ 0.93 m，长度有 30 m 和 50 m 两种规格。

（2）聚氯乙烯（PVC）塑料壁纸

①材料特点

聚氯乙烯塑料壁纸以纸为基材，以聚氯乙烯塑料薄膜为面层，经复合、压延、印花、压花等工艺制成，有普通型、发泡型、特种型（功能型）以及仿瓷砖、仿文化墙、仿碎拼大理石、仿皮革或织物外观效果的众多花色品种。

②应用特点

聚氯乙烯塑料壁纸具有一定的伸缩性和抗拉强度，耐折、耐磨、耐老化，装饰效果好，适用于建筑物内墙、顶棚、梁、柱等贴面的装饰。其缺点是：有的品种会散发塑料异味，火灾燃烧时发烟量较高，有一定的危害。

（3）织物装饰壁纸

①材料特点

织物装饰壁纸由棉、麻、毛、丝等天然纤维和化学纤维等制成的各种色泽、花式的粗（细）纱或织物，与纸质基材复合制成。另有用扁草、竹丝或麻条与棉线交织后同纸质基材贴合制成的植物纤维壁纸，也属于此类，具有鲜明的肌理效果。

②应用特点

大部分织物装饰壁纸具有无毒、环保、吸声、透气及一定的调湿和保温等特点，饰面的视觉效果独特，尤其是天然纤维给人以质感淳朴、生动的效果。其缺点是易脏且不易清洗，易受物理损伤，对保养要求较高。织物装饰壁纸通常宽为 0.9 ~ 0.93 m，长度有 30 m 和 50 m 两种规格。其中，植物纤维壁纸的厚度为 0.3 ~ 1.3 mm，宽一般为 9.6 m，长度为 5.5 m。

（4）金属膜壁纸

①材料特点

金属膜壁纸是在纸质基材上涂一层电化铝箔薄膜，再经压花制成。

②应用特点

金属膜壁纸具有不锈钢、黄金、白银、黄铜等金属的质感与光泽，具有华贵的装饰效果，并且耐老化、耐擦洗、无毒、无味、不褪色、使用寿命长。该产品多用于室内顶棚、柱面的裱糊以及墙面局部范围与其他饰面的配合进行贴覆装饰。

（5）玻璃纤维壁纸

①材料特点

玻璃纤维壁纸以中碱玻璃纤维为基材，表面涂以耐磨树脂，再印上彩色图案制成。

② 应用特点

玻璃纤维壁纸具有色彩鲜艳、绝缘、耐腐蚀、耐湿、防火、防水、耐高温、强度高等特点，且容易擦洗。玻璃纤维壁纸的规格通常为厚 0.17～0.2 mm，宽 850～900 mm。其主要适用于各种室内墙面装饰，有的品种可以用于室内卫生间、浴室等墙面装饰。

（6）无纺布墙纸

① 材料特点

无纺布墙纸采用棉、麻等天然纤维和涤纶等化学纤维经定向或随机排列后，通过印染、摩擦、抱合或黏合等工艺制成。

② 应用特点

无纺布墙纸特点是柔软、富有弹性、不产生纤维屑、不易折断、耐老化、不褪色、韧度高、耐用、有一定的透气性和防潮能力、可擦洗且粘贴方便等优点。无纺布墙纸的规格通常为厚 0.12～0.18 mm，宽 850～900 mm。

（7）化纤装饰墙布

① 材料特点

化纤装饰墙布以涤纶、腈纶、丙纶等化学纤维为材料，经多道工艺处理、印花制成。

② 应用特点

化纤装饰墙布具有无毒、无味、透气、防潮、耐磨、无分层等特点，适用于建筑的室内装饰。其主要规格为厚 0.15～0.18 mm，宽 820～840 mm，每卷长 50 m。

（8）棉质装饰墙布

① 材料特点

棉质装饰墙布由纯棉平布经多道工艺处理、印花、涂层制作制成。

② 应用特点

棉质装饰墙布的特点是强度大、静电小、蠕变性小、无味、无毒、吸声、花形繁多，主要适用于各种公共建筑及民用住宅的内墙装饰。

（9）绸缎、丝绒、呢料装饰墙布

① 材料特点

绸缎为我国传统棉纺装饰墙布织物，用于裱糊墙面可张显华贵之美。但其施工复杂，也不易清洗，所以使用不多。丝绒装饰墙布色彩绚丽，可营造出豪华感。呢料装饰墙布质地厚重，可给人温暖感，吸声、保温效果很好。

② 应用特点

绸缎、丝绒、呢料装饰墙布具有优良的装饰效果，并有一定的吸声功能，且易于清洁，为建筑室内高档裱糊饰面材料；可以用于墙面或柱面的水泥砂浆基层、木质胶合板基层及纸面石膏板等轻质板材基层的表面。

2. 技术性质

（1）平挺性

平挺性主要用于反映墙面装饰织物织缩率的性能，这个性能直接影响到裱贴施工的效果。无织缩率或织缩率较小的墙面装饰织物具有平挺性好、不易弯曲变形、容易保持尺寸等特点。同时，墙面装饰织物的密度也会影响装饰效果，若织物密度过小，过于稀疏单薄，施工过程中使用的胶黏剂容易渗透到织物里面，形成色斑。

（2）粘贴性

粘贴性主要是指墙面装饰织物粘贴后表面平整、粘结牢固、无翘起剥离的性能；同时，要求在更换墙面装饰织物时，又能剥离方便、易于清除。

（3）耐污染能力

耐污染能力主要是指墙面装饰织物抵抗空气中灰尘、细菌、微生物侵蚀的能力。耐污染能力好的墙面装饰织物能保持长期清洁，不易发霉，有些经过拒水、拒油处理后不易沾尘，去污也方便，使用寿命很长。

（4）耐光性

耐光性主要是指墙面装饰织物经受长时间阳光照射后，抑制织物出现老化、褪色、色牢度下降等现象的性能。耐光性好的墙面装饰织物，能长久保持色牢度和花色的鲜艳程度。

（5）吸声性能

吸声性能主要是指纤维吸收声波、衰减噪声的能力，可以通过增加织物的凹凸效应来增强吸声性能。

（6）阻燃防火性能

阻燃防火性能主要是指对墙面装饰织物根据不同的环境做出相应的防火规定。一般是将墙面装饰织物粘贴在墙壁基材上进行试验，根据墙面装饰织物的发热量、发烟系数、燃烧所产生气体的毒性情况来确定阻燃防火性能。

二、地毯

地毯是以棉、麻、毛、丝、草等天然纤维或合成纤维为原料，经手工或机械工艺进行编结、栽绒或纺织制成的地面覆盖物。地毯最初仅用于铺地，起抵御寒湿、利于坐卧的作用。在后来的发展过程中，由于民族文化的发展和手工技艺的发展，逐步发展成为一种高级的装饰品，既具隔热、防潮、减少噪声等功能，又有高贵、华丽、美观的装饰效果（图8-2）。

1. 地毯的性能要求

地毯是用动物毛、植物麻、合成纤维等为原料，经过编织、裁剪等加工过程制造的一种高档地面装饰材料，具有质地柔软，脚感舒适、使用安全的特点。

（1）坚牢度

地毯需要承受的压力很大，因此要求地毯具有良

图8-2 地毯

好的耐磨、耐压性，绒头需有较好的回弹力及较高的密度，不易倒伏。地毯的纤维和组织结构编结都需具有一定的牢度，不易脱绒，并且在纤维色牢度方面也有一定的标准和要求。

（2）保暖性

地毯的保暖性能是由其厚度、密度以及绒面使用的纤维类型来决定的。合成纤维的保暖性一般都优于天然纤维，而天然纤维中羊毛又优于蚕丝、麻。此外，地毯的保暖性同地毯下面是否有衬垫物以及衬垫的结构也有很大关系。

（3）舒适性

地毯的舒适性主要是指行走时的脚感舒适性。这里包括纤维的性能、绒面的柔软性、弹性和丰满度。天然纤维在脚感舒适性方面比合成纤维好，尤其是羊毛纤维，化纤地毯一般都有脚感发滞的缺陷。绒面高度在 10～30 mm 之间的地毯柔软性与弹性较好，绒面太短虽耐久性好但缺乏松软弹性，脚感欠佳。

（4）吸音隔音性

地毯需具有良好的吸音、隔音性能，这就要求在确定纤维原料、毯面厚度与密度时进行认真的选择，考虑吸音率的大小，以满足不同环境需达到的吸音、隔音性能要求。剧院、大型会议厅等场所十分注重音响质量，对地毯的吸音、隔音性能要求较高，一般居家使用则适当掌握即可。

（5）抗污性

地毯使用时呈大面积暴露状态，尘埃杂物极易污损地毯，因此要求地毯有不易污染、易去污清洗的性能。地毯还需具备较好抗菌、抗霉变、抗虫蛀的性能，尤其是以羊毛纤维制织的地毯在温度、湿度较高的环境中使用，极易霉蛀，因此需进行防蛀性处理，以确保地毯的良好性能与使用寿命。

（6）安全性

地毯的安全性包括抗静电性与阻燃性两个方面。静电使毯面绒头易于沾尘，并产生缠脚的感觉，这对化纤地毯来说尤为明显。

目前抗静电的一些方法有：在绒头纤维中混入金属纤维、碳素与导电性纤维材料，或将极细微的炭黑混入地毯背面的胶剂内都可以防止、减轻静电的产生。

现代的地毯需具有阻燃性，燃烧时低发烟并无毒气。羊毛地毯阻燃性较好，而合成纤维制作的地毯都极易燃烧熔化。在选择地毯材质时应特别注意合成纤地毯的阻燃性能。

 知识链接

地毯的基本功能

地毯具有很高的艺术价值，装饰后能够体现高贵、华丽、美观、气派的风格，同时具有隔热、防潮的作用。地毯的基本功能包括保暖功能、调节功能、吸音功能、舒适功能以及审美功能五个方面。

2. 地毯的分类

（1）根据地毯材质分类

根据材质不同，地毯主要可分为纯毛地毯、化纤地毯、混纺地毯、植物纤维地毯、塑料地毯和橡胶地毯。

① 纯毛地毯

纯毛地毯主要原料为纯毛线，具有质地厚实、柔软舒适、弹性大、拉力强、装饰效果好等优点，属于高档铺地装饰材料；但易腐烂、霉变、虫蛀，且价格较贵。

② 化纤地毯

化纤地毯以丙纶、腈纶等化学纤维为原料，经簇绒法或机织法制成面层，再以麻布为底加工制成。其外观及触感酷似纯毛地毯，具有耐磨、质量小、弹性好、脚感舒适等优点，且价格便宜。

③ 混纺地毯

混纺地毯以羊毛纤维与合成纤维混编而成，性能介于羊毛地毯和化纤地毯之间。混编的合成纤维不同，其性能也不同。在羊毛纤维中加入尼龙纤维，可使地毯的耐磨能力显著提高。混纺地毯的装饰效果类似纯毛地毯，但价格较便宜。

④ 植物纤维地毯

植物纤维地毯以植物纤维为主要原料制成，一般包括剑麻地毯、棕地毯、水草地毯和竹地毯。其中剑麻地毯最为常用，它是以剑麻纤维为原料，经纺纱、编织、涂胶、硫化等工序制成，耐酸碱、耐磨、无静电，但质感粗糙、弹性较差。

⑤ 塑料地毯

塑料地毯以聚氯乙烯树脂为基料，加入填料、增塑剂等多种辅助材料和添加剂，经混炼、塑化，最后在地毯模具中成型。塑料地毯具有质地柔软、颜色鲜艳、经久耐用、自熄不燃、不霉烂、不虫蛀、清洗方便等优点（图8-3）。

⑥ 橡胶地毯

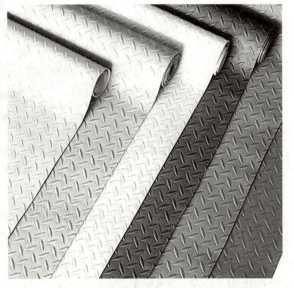

图 8-3　塑料地毯

橡胶地毯以天然橡胶或合成橡胶为原料，加入其他化工原料，经热压、硫化后，在地毯模具中成型。橡胶地毯具有防霉、防潮、防滑、耐腐蚀、防虫蛀、绝缘、易清洗等优点，可用于浴室、走廊、游泳馆、商场等潮湿或经常淋雨的地面铺设。各种绝缘等级的特制橡胶地毯还广泛用于配电室、计算机房等场所。

（2）根据毯面加工工艺分类

根据毯面加工工艺的不同，地毯主要分为手工类地毯和机制类地毯。

① 手工类地毯

手工类地毯以手工编制加工而成，因编制方法不同，又可分为手工打结地毯、手工簇绒地毯、手工绳条编织地毯和手工绳条缝结地毯。其中，手工打结地毯多采用双经双纬织法，通过人工打结栽绒，绒毛层与基底一起织成，具有做工精细、色彩丰富、图案多样的特点。属于高档地毯，但生产成本较高，价格昂贵。

② 机制类地毯

机制类地毯由机械设备加工制成，因编制工艺不同可分为机织地毯、簇绒地毯、针织地毯、针刺地毯和无簇绒地毯（图8-4）。簇绒地毯是目前生产化纤地毯的主要工艺，通过带有一排往复式穿针的纺机织出厚实的圈绒，再用刀对圈绒顶部进行横向切割。簇绒地毯的绒毛长度可以调整，一般割绒后的绒毛长度为7～10 mm。

簇绒地毯弹性较好，脚感舒适，并可在毯面上印染各种花纹图案。簇绒地毯一般分为圈绒地毯、割绒地毯和圈割绒地毯。

图8-4 机制类地毯

（3）根据地毯幅面形状分类

根据幅面形状不同，地毯可分为块状地毯和卷状地毯。

① 块状地毯

不同材质的地毯均可成块供应，即块状地毯，形状有方形、长方形、圆形、椭圆形等，一般规格为（610～3 600）mm×（610～6 170）mm。块状地毯具有铺设方便、灵活，整体使用寿命较长，可及时更换坏损的局部，经济、美观等特点。

② 卷状地毯

不同材质的地毯可按整幅成卷供应，即卷状地毯，其幅宽为1～4 m，每卷长度一般为20～50 m，也可按要求加工定制。卷状地毯适合室内满铺，但局部损坏后不易更换。楼梯和走廊所用的卷状地毯为窄幅专用地毯，幅宽有700 mm和900 mm两种，整卷长度为20 m。

三、窗帘帷幔

窗帘帷幔具有遮光、保温、挡灰尘、隔声、营造房间气氛、柔化室内空间生硬的线条的特点,可提供柔和、温馨、浪漫、安静的私人空间,在建筑装饰装修中有着不容忽视的功能。窗帘帷幔种类繁多,大体可分为成品帘、布艺帘和窗纱三大类。

1. 成品帘

(1)卷帘

卷帘主要适用于有大面积玻璃幕墙的场所,如办公空间、餐饮空间、家居空间等(图8-5)。卷帘具有收放自如、体积小、外表美观简洁、结构牢固耐用、改造室内光线等特点。卷帘按面料分为半遮光卷帘、半透光卷帘、全光卷帘;按控制方式分为手动卷帘、电动卷帘、弹簧半自动卷帘。

图8-5 卷帘的应用

(2)折帘

① 百叶帘

百叶帘的最大特点是能任意调节光线,使室内光线富有变化。百叶帘具有良好的隔热能力、遮阳能力、柔韧性,不易变形且能阻挡紫外线。当帘片平行放置时,光线变得柔和,既可适当保持隐私,又可观看窗外景色;帘片合拢时,室内外就完全"隔离"了。百叶帘一般分为木百叶帘、铝百叶帘、竹百叶帘等。百叶帘的帘片应表面光滑、韧度好、抗晒、不褪色、不变形(图8-6)。

图 8-6 百叶帘的应用

② 百折帘

百折帘由单层的纤维布制成,轻巧、实用又美观,能上下操作、左右定位、折叠而上,并能根据实际形状定制成圆形、半圆形、八角形、梯形等造型。由于百折帘特有的折叠造型,其遮阳面积、反光面积比其他窗帘要大,因此遮光效果较好。百折帘经高温高压定型、定色、不褪色、不变形,且具有防静电效果及阻隔紫外线的作用,其全透视的效果能营造出不一样的室内氛围。

③ 蜂房帘

蜂房帘设计独特,拉绳隐藏在中空层,外观美丽,简单实用。蜂房帘抗紫外线能力较强,防水性能和隔热功能较好,可保护家居用品和保持室内温度,达到很好的节能效果,并能有效地防静电、易清洗。

2. 布艺帘

布艺帘是指用装饰布经设计、缝纫制成的窗帘。布艺帘具有保暖、隔声、遮挡光线和视线的功能,可营造出温馨的私密空间氛围(图 8-7)。布艺帘的悬挂款式可采用双幅平开落地式垂帘,也可根据需要采用单幅帘或半截帘。布艺帘的面料有毛料、麻布、棉、真丝等天然纤维,也可用涤纶等人造纤维。

由毛料、麻布编织的布艺帘属厚重型织物,这些材料保温、隔声、遮光效果较好,优秀的垂感和肌理感易烘托室内的庄重、大方、粗犷、古典等风格。由棉编织而成的窗帘属柔软细腻型织物,面料质地柔软、手感好,其绒质效果能体现华贵、温馨之感。由真丝和人造纤维制成的布艺帘属于薄质窗帘,丝质面料给人以高贵、华丽、自然、飘逸之感。

涤纶等人造纤维面料具有挺直、色泽艳丽、不褪色、不缩水、便于清洗等特点,但遮光性、保温效果、隔声效果较差,不宜单独制成窗帘,可作为窗帘的最内层。

3. 窗纱

一般情况下，窗纱与窗帘布是配套使用的，可透气通风，给室内环境增添柔和、若隐若现的朦胧感和浪漫感（图 8-8）。窗纱既可以遮光又不影响采光，可避免家具和地板在强光下出现褪色。窗纱的面料可分为涤纶、仿真丝、麻或混纺织物等。根据其工艺可分为印花窗纱、绣花窗纱、提花窗纱等。

图 8-7 布艺窗帘

图 8-8 窗纱

四、吸声用纤维制品

1. 矿物棉装饰吸声板

矿物棉装饰吸声板按原料的不同分为矿渣棉装饰吸声板和岩棉装饰吸声板。

（1）矿渣棉装饰吸声板

矿渣棉装饰吸声板是利用矿渣棉、黏结剂、涂料等原料，经加压成型、烘干、固化、切割、贴面等工序而制成的装饰装修材料。一般用于室内的吊顶及墙面装饰，具有优良的保温、隔热、吸声、抗震、不燃等性能。

矿渣棉装饰吸声板表面花纹图案众多，如毛毛虫、十字花、大方花、小朵花、树皮纹、满天星、小浮雕等，色彩繁多，装饰性好。广泛用于影剧院、音乐厅、播音室、录音室、旅馆、医院、办公室、会议室、商场及噪声较大的工厂车间等公共空间，能有效地改善室内音质、消除回声，提高语言的清晰程度或降低噪声。

矿渣棉装饰吸声板常见规格尺寸主要有：500 mm × 500 mm、600 mm × 600 mm、610 mm × 610 mm、625 mm × 625 mm、600 mm × 1 000 mm、600 mm × 1 200 mm、625 mm × 1 250 mm；厚度分为 12 mm、15 mm、20 mm。

（2）岩棉装饰吸声板

岩棉装饰吸声板是以优质的天然岩石，如玄武岩、白云石等为主要原材料，经熔化、高速离心、掺入少量黏结剂、固化、切割形成，防水吸声降噪的一种矿物纤维制品。岩棉装饰吸声板的性能略优于矿渣棉装饰吸声板。

岩棉装饰吸声板的生产工艺与矿渣棉装饰吸声板相同，板材的规格、性能与应用也与矿渣棉装饰吸声板基本相同。

2. 吸声用玻璃棉制品

玻璃棉属于玻璃纤维中的一个类别，是一种人造无机纤维。玻璃棉是将熔融玻璃纤维化，形成棉状的材料，具有成型好、体积密度小、热导率低、保温绝热、吸音性能好、耐腐蚀、化学性能稳定等性能。

（1）吸声玻璃棉板

玻璃棉装饰吸声板是以玻璃棉为原料，加入适量的胶黏剂、防潮剂等，经热压成型等工序而成，为了具有良好的装饰效果，常将表面进行处理，或贴上装饰饰面，或进行表面喷涂。

玻璃棉装饰吸声板具有质轻、防火、吸声、隔热、抗震、不燃、美观、施工方便、装饰效果好等优点。广泛应用于剧院、礼堂、宾馆、商场、办公室、工业建筑等处的吊顶及内墙装饰（图8-9）。

图8-9　玻璃棉布艺吸音板

（2）吸声用玻璃棉毡

吸声玻璃棉毡是由质地均匀、性能稳定的无机玻璃纤维和不溶于水的防火热固树脂结合而成，适用于旅游饭店、办公楼宇、商业建筑、民用住宅以及娱乐场所内墙部分的一种新型保温吸声材料。

玻璃棉毡的降噪系数略高于玻璃棉板，其他性能与玻璃棉板基本相同，但强度很低，并可卷曲。

任务二　织物装饰材料施工工艺

一、裱糊施工工艺

1. 裱糊施工工艺流程

（1）清理基层

根据基层不同的材质采用不同的处理方法，具体内容如下。

① 混凝土及抹灰基层处理：施工前要满刮腻子一遍，并用砂纸打磨。有的混凝土面、抹灰面有气孔、麻点、凹凸不平时，为了保证质量，应增加满刮腻子和砂纸打磨的遍数。

② 木基层处理：木基层要求接缝不显接槎，接缝、钉眼应用腻子补平并满刮油性腻子，最后用砂纸磨平。

③ 石膏板基层处理：纸面石膏板一般比较平整，批、抹腻子主要是在对缝处和螺钉孔处。对缝处批、抹腻子后，还需用棉纸带贴缝，以防止对缝处开裂。

④ 不同基层相接处的处理：不同基层材料的相接处，如石膏板与木夹板、水泥或抹灰基面与木夹板、水泥基面与石膏板之间的相接处，应用棉纸带或穿孔纸带粘贴封口，以防止裱糊后的壁纸面层被拉裂撕开。

（2）涂刷防潮底漆和底胶

为了防止壁纸受潮脱胶，一般要对准备裱糊聚氯乙烯塑料壁纸、复合纸基壁纸、金属膜壁纸的墙面涂刷防潮底漆。该底漆既可刷涂，也可喷涂，漆膜不宜太厚，且要均匀一致。刷底胶是为了增加黏结力，并防止处理好的基层受潮粘污。底胶一般用108胶配少许甲醛纤维素加水调成，底胶既可刷涂，也可喷涂。

在涂刷防潮底漆和底胶时，室内应无灰尘，且要防止灰尘和杂物混入配好的底漆或底胶中。底胶一般是一遍成活，不能漏刷、漏喷。

（3）弹线

确定从哪个阴角开始按照壁纸的尺寸进行分块弹线控制（习惯做法是进门左侧阴角处开始铺贴第一张）。有挂镜线的按挂镜线弹线，没有挂镜线的按设计要求弹线控制。

知识链接

弹线的具体操作方法

按壁纸的标准宽度找规矩，每个墙面的第一行壁纸都要弹线找垂直，第一条线距墙阴角约15 cm，作为裱糊时的准线。在第一行壁纸位置的墙顶处敲进一枚墙钉，将铅锤线系上，铅锤下吊到踢脚板上缘处；铅锤线静止不动后用手紧握铅锤头，按铅锤线的位置用铅笔在墙面画一短线，再松开铅锤头查看铅锤线是否与铅笔短线重合。如果重合，就用一只手将铅锤线按在铅笔短线上，另一只手把铅锤线往外拉，放手后使其弹回，便可得到墙面的基准垂线，弹出的基准垂线越细越好。每个墙面的第一条基准垂线应该定在距墙角约15 cm处，墙面上有门窗洞口的应增加门窗两边的基准垂线。

（4）刷建筑胶

聚氯乙烯塑料壁纸在裱糊前应先将壁纸用水润湿数分钟，墙面裱糊时，应在基层表面涂刷胶黏剂；顶棚裱糊时，基层表面和壁纸背面均应涂刷胶黏剂。

复合纸基壁纸不得浸水，裱糊前应先在壁纸背面涂刷胶黏剂，放置数分钟，裱糊时基层表面应涂刷胶黏剂。

织物装饰壁纸不宜在水中浸泡，裱糊前宜用湿布清洁背面。

金属膜壁纸在裱糊前应浸水1~2 min，阴干5~8 min后在其背面刷建筑胶。刷建筑胶应使用专用的壁纸粉胶。

玻璃纤维壁纸、无纺布墙纸在裱糊前无需进行湿润，基层表面刷建筑胶的宽度要比壁纸宽约3 cm。

刷建筑胶要全面、均匀、不裹边、不起堆，以防溢出弄脏壁纸；但也不能刷得过少，甚至刷不到位，以免壁纸粘结不牢。

（5）裱糊

裱糊壁纸时，首先要垂直，然后对花纹、拼缝，再用刮板用力抹压平整。原则是先垂直、后水平，先细部、后大面；贴垂直面时先上后下，贴水平面时先高后低；从墙面所弹基准垂线开始至阴角处收口。裱糊时一般采用拼缝贴法，先对图案，后拼缝。从上至下图案匹配后，再用刮板斜向刮建筑胶，将拼缝处赶密实，并清理干净赶出的胶液。

> **知识链接**
>
> **阴阳角处理方法**
>
> 阳角不可拼缝，搭接壁纸绕过墙角的宽度不大于 12 mm；阴角壁纸拼缝时应先裱压在里面转角处的壁纸，再裱压非转角处的壁纸。阳角搭接面应根据垂直度确定，一般搭接宽度不小于 3 mm，并且要保持垂直无毛边。

（6）修整

全部裱糊完后要进行修整，割去底部和顶部的多余部分及搭接的多余部分。

> **知识链接**
>
> **裱糊施工主要材料与工具**
>
> 1. 壁纸
>
> 检查壁纸是否存在色差、气泡，图案是否精致且有层次感。用手触摸壁纸，感觉其图层密实度和厚度是否一致。用微湿的布用力擦拭壁纸表面，如出现脱色或脱层则说明质量不好。
>
> 2. 胶黏剂
>
> 801胶、聚醋酸乙烯胶黏剂（白乳胶）、SG8104胶、粉末壁纸胶。
>
> 3. 主要工具
>
> 裱糊施工主要工具有胶轮、平面压轮、刮板、美工刀（图8-10）。
>
>
>
> （a）刮板　　　　　　　　　　（b）美工刀
>
> 图8-10　刮板和美工刀

2. 质量要求

（1）壁纸、墙布的各类、规格、图案、颜色和燃烧性能等级应符合设计要求及国家现行标准的有关规定。

（2）裱糊工程基层处理的质量应符合高级抹灰的要求。

（3）裱糊后的各幅拼接应横平竖直，拼接处的花纹、图案应匹配，应不离缝、不搭接、不显拼缝。

（4）壁纸、墙布应粘结牢固，不得有漏贴、补贴、脱层、空鼓和翘边。

二、地毯面层施工工艺

1. 地毯面层施工工艺流程

（1）清理基层

水泥砂浆或其他地面的质量保证项目和一般项目，均应符合验评标准。地面在铺设地毯前应干燥，其含水率不得大于8%。对于酥松、起砂、起灰、凹坑、油渍、潮湿的地面，必须返工后方可铺设地毯。

（2）弹线、套方、分格、定位

严格依照设计图纸对各个房间的铺设尺寸进行测量，检查房间的方正情况，并在地面弹出地毯的铺设基准线和分格定位线。活动地毯应根据地毯的尺寸在房间内弹出定位网格线。

（3）裁割

地毯裁割首先应量准所铺设场地的实际尺寸，按房间长度加长20 mm下料；地毯宽度应扣去地毯边缘后计算。然后在地毯背面弹线。大面积地毯用裁边机裁割，小面积地毯一般用手持式裁刀从地毯背面裁切。圈绒地毯应从环毛的中间切开，割绒地毯应使切口绒毛整齐。裁割好的地毯要卷起编号。

（4）固定

地毯沿墙边和柱边的固定方法：在离踢脚板8 mm处用钢钉（又称为水泥钉）按中距300～400 mm将倒刺板钉在地面上。倒刺板采用1 200 mm×（24～25）mm×（4～6）mm的三夹板条，板条上钉两排斜铁钉。房间门口处地毯的固定和收口：在门框下的地面处采用厚2 mm左右的铝合金门口压条，将压条的一面用螺钉固定在地面上，再将地毯毛边塞入以压紧地毯。

（5）缝合

纯毛地毯缝合有以下两种方法。

① 在地毯背面对齐接缝，用直针缝线缝合结实，再在缝合处涂刷5～6 cm宽的白乳胶一道，然后粘贴牛皮纸或白布条。也可用塑料胶纸带粘贴以保护接缝。然后将地毯平铺，用弯针在接缝处缝合（绒毛要密实），表面不得显露拼缝。

② 粘结接缝。粘结接缝一般用于有麻布衬底的化纤地毯。首先在地面上弹一条直线，沿线铺一条麻布带，在麻布带上涂刷一层地毯胶黏剂；然后将地毯缝对好、粘平，也可用

胶带粘结，但须熨烫，并用扁铲在接缝处辗压平实。

（6）铺设

首先将地毯的一条长边固定在沿墙的倒刺板上，将地毯毛边塞入踢脚板下面的空隙内。然后将地毯撑置于地毯上用手压住地毯撑，再用膝盖顶住地毯撑胶垫，从一个方向向另一方向逐步推移，使地毯拉平拉直。可多人同步作业，反复并多次直至拉平为止。最后将地毯固定在倒刺板上。地毯的多余部分应裁割掉。

（7）修整、清洁

铺设完毕，修整后将收口条固定。之后，用吸尘器清扫一遍。

> **知识链接**
>
> **地毯面层施工主要材料与工具**
>
> 1. 地毯
>
> 在挑选地毯时，要查看地毯的毯面是否平整，毯边是否平直，有无瑕疵、油斑、污点、色差；要求抗静电、耐燃、耐磨、耐热、易清洗及规格等指标符合设计要求；颜色要一致，光泽要柔和。
>
> 2. 辅助材料
>
> 地毯衬垫、倒刺板、接缝烫带等。
>
> 3. 主要工具
>
> 地毯面层施工主要工具包括剪刀、地毯撑、边铲、熨斗等。

2. 质量要求

（1）地毯材料的品种、规格、图案、颜色和性能应符合设计要求。

（2）地毯工程的粘结、底衬和紧固材料应符合设计要求和国家现行有关标准的规定。

（3）地毯的铺贴位置、拼花图案应符合设计要求。

地毯面层施工构造如图 8-11 所示。

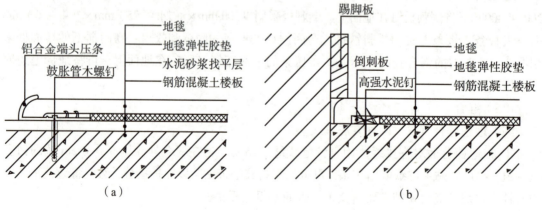

图 8-11 地毯面层施工构造

三、软包墙面施工工艺

1. 软包墙面施工工艺流程

（1）基层处理

绒布、皮革或人造革软包,要求基层牢固,构造合理。为防止墙体、柱体的潮气使其基面板底部翘曲变形而影响装饰质量,要求基层做抹灰和防潮处理。通常的做法是,采用1∶3的水泥砂浆抹灰做至20 mm厚,然后刷涂冷底子油一道,并做一毡二油防潮层。

（2）吊垂直、套方、找规矩、弹线

根据设计要求,把该房间需要软包墙面的装饰尺寸、造型等通过吊垂直、套方、找规矩、弹线等工序,把实际尺寸与造型落实到墙面上。

（3）木龙骨及墙板安装

当在建筑墙面、柱面做绒布、皮革或人造革装饰时,应采用墙筋木龙骨,墙筋木龙骨一般为（20～50）mm×（40～50）mm截面的木方条,钉于墙体、柱体的预埋木砖或预埋木楔上。木砖或木楔的间距与墙筋的排布尺寸要一致,一般为400～600 mm间距。通常按设计的要求进行分格或按平面造型的形式进行划分。

固定好墙筋木龙骨之后,即可铺钉夹板作为基面板；然后以绒布、皮革或人造革软包填塞材料覆于基面板之上,采用钉于将其固定于墙筋木龙骨位置；最后以电化铝帽头钉按分格或其他形式的划分尺寸进行钉固。也可同时采用压条,压条的材料可用不锈钢、铜或木条,既方便施工,又可使其立面造型更丰富。

（4）面层固定

绒布、皮革和人造革饰面的铺钉方法主要有成卷铺装法和分块固定法。此外,还有压条法、平铺泡钉压角法等,由设计确定。

① 成卷铺装法

由于绒布、人造革材料可成卷供应,当较大面积施工时,可进行成卷铺装。但需注意,绒布或者人造革卷材的幅面宽度应大于横向木筋中距50～80 mm,并保证基面板的接缝置于墙筋木龙骨上。

② 分块固定法

分块固定法是先将绒布、皮革或人造革与夹板按设计要求的分格划块进行预裁,然后一并固定于墙筋木龙骨上。安装时,以基面板压住皮革或人造革面层,压边20～30 mm,用圆钉钉于墙筋木龙骨上；然后在绒布、皮革或人造革与基面板之间填入衬垫材料进而包覆固定。

> **知识链接**
>
> **分块固定法须注意的操作要点**
>
> 首先必须保证基面板的接缝位于墙筋木龙骨中线；板的另一端不压绒布、皮革或造革,而是直接钉于墙筋木龙骨上；然后绒布、皮革或人造革在剪裁时必须大于装饰分

格划块的尺寸，并足以在下一个墙筋木龙骨上剩余20～30 mm的料头。如此，第二块基面板又可包覆第二片革面并压于其上固定，照此类推完成整个软包面。这种做法多用于酒吧台、服务台等部位的装饰。

（5）安装贴脸或装饰边线、刷镶边涂料

根据设计选定和加工好的贴脸或装饰边线，按设计要求把涂料刷好（达到交活条件），便可进行装饰板安装工作。首先经过试拼，达到设计要求的效果后便可与基层固定并安装贴脸或装饰边线，最后涂刷镶边涂料成活。

（6）修整软包墙面

除尘清理，钉粘保护膜和处理胶痕。

知识链接

软包墙面施工主要材料与工具

1. 主要材料

（1）软包墙面的木框、龙骨、底板、面板等木材的树种、规格、质量等级、含水率和防腐处理必须符合设计要求。

（2）软包面料、内衬材料及边框的材质、颜色、图案、燃烧性能等级应符合设计要求及现行标准的规定，要具有防火检测报告。普通布料需进行两次防火处理，并检测合格。

（3）龙骨一般用白松烘干料，含水率不大于12%，厚度应根据设计要求，不得有腐烂、节疤、劈裂、扭曲等瑕疵，并预先经过防腐处理。龙骨、衬板、边框应安装牢固，无翘曲，拼缝应平直。

（4）外饰面用的压条分格框料和木贴脸等面料，一般采用工厂加工的半成品，含水率不大于12%。

2. 主要工具

软包墙面施工主要工具包括电动机、电焊机、手持式电钻、冲击电钻、专用夹具、刮刀、钢直尺、裁刀、刮板、毛刷、排笔、长卷尺、锤子等。

2. 质量要求

（1）软包工程的安装位置及构造做法应符合设计要求。

（2）软包边框所选木材的材质、花纹、颜色和燃烧性能等级应符合设计要求及现行标准的有关规定。

（3）软包衬板的材质、品种、规格、含水率应符合设计要求，面料及内衬材料的品种、规格、颜色、图案及燃烧性能等级应符合现行标准的有关规定。

（4）软包工程的龙骨、边框应安装牢固。

（5）软包衬板与基层应连接牢固，无翘曲、变形，拼缝应平直。相邻板面接缝应符合设计要求，横向无错位，拼接的分格应保持通缝。

思政链接

建筑设计类专业的学生要坚守"用头脑思考,用双手创造"的理念,不仅要实践,还要养成正确的思想观及建筑专业生涯中的革新和创造的态度。在学好扎实的理论知识,专业技能的基础上,能够主动思考,学习了解技术变革的发展和不断发展变化的行业需求,综合各方面的知识,树立良好的职业生涯规划,产生创新的火花,更好的为祖国服务并作出贡献。

课后习题

一、填空题

1. 常见装饰纤维制品所用的纤维有_____、_____和无机玻璃纤维等。
2. 装饰纤维制品主要包括_____、_____、墙布、窗帘等纤维织物以及岩棉、矿渣棉、玻璃棉制品等。
3. 窗帘帷幔种类繁多,大体可分为_____、_____和窗纱三大类。
4. 矿物棉装饰吸声板按原料的不同分为_____和岩棉装饰吸声板。

二、判断题

(   ) 1. 地毯需要承受的压力很大,因此要求地毯具有良好的耐磨、耐压性,绒头需有较好的回弹力及较高的密度,不易倒伏。

(   ) 2. 复合纸基壁纸造价比较高;在火灾事故中发烟量教高,会产生有毒有害气体。

(   ) 3. 棉质装饰墙布其特点是柔软、富有弹性、不产生纤维屑、不易折断、耐老化、不褪色、韧度高、耐用、有一定的透气性和防潮能力、可擦洗且粘贴方便等优点。

(   ) 4. 聚氯乙烯塑料壁纸在裱糊前应先将壁纸用水润湿数分钟,墙面裱糊时,应在基层表面涂刷胶黏剂;顶棚裱糊时,基层表面和壁纸背面均应涂刷胶黏剂。

参 考 文 献

[1] 张晶，张柳，杨芬. 建筑装饰装修材料与施工工艺 [M]. 合肥：合肥工业大学出版社，2019.

[2] 杨逍，谢代欣. 建筑装饰装修材料与施工工艺 [M]. 北京：中国建材工业出版社，2020.

[3] 赵丽华，薛文峰. 建筑室内装饰材料 [M]. 北京：机械工业出版社，2022.

[4] 葛春雷. 室内装饰材料与施工工艺 [M]. 北京：中国电力出版社，2019.

[5] 汤留泉. 图解室内设计装饰材料与施工工艺 [M]. 北京：机械工业出版社，2019.

[6] 杨金铎，李洪岐. 装饰装修材料 [M].4 版. 北京：中国建材工业出版社，2020.

[7] 曹春雷. 室内装饰材料与施工工艺 [M]. 北京：北京理工大学出版社，2019.

[8] 吴卫光，张琪. 装饰材料与工艺 [M]. 上海：上海人民美术出版社，2019.

[9] 陈郡东，赵鲲，朱小斌，等. 室内设计实战指南（工艺、材料篇）[M]. 桂林：广西师范大学出版社，2020.

[10] 苗壮，刘静波. 室内装饰材料与施工 [M]. 哈尔滨：哈尔滨工业大学出版社，2023.

[11] 张力，耿海峰，朱震. 建筑装饰材料与施工工艺研究 [M]. 珲春市：延边大学出版社，2022.